江西河长湖长

实用指南

李洪任 谢颂华 张磊 等 编著

中国水利水电出版社
www.waterpub.com.cn

·北京·

内 容 提 要

本书通过收集整理江西省在全面推行河湖长制过程中的一些经验做法，归纳了河湖长的工作任务、工作流程、组织推动、河湖治理要求等，探索研究了江西省河湖长制效能评价方法，提出了适合江西省河湖长制效能评价的指标体系、评价标准和评价方法，并在江西省实施河湖长制效能评价中得到应用。全书主要内容包括河湖长制出台背景、江西省河湖概况、河长工作实务、河长制工作效能评价、河长制考核指南等。

本书可供各地河湖长在实际工作中参考借鉴。

图书在版编目（ＣＩＰ）数据

江西河湖长实用指南 / 李洪任等编著. -- 北京 ：
中国水利水电出版社，2022.5
ISBN 978-7-5226-0667-5

Ⅰ．①江… Ⅱ．①李… Ⅲ．①河道整治－责任制－江西－指南 Ⅳ．①TV882.856-62

中国版本图书馆CIP数据核字(2022)第071840号

书　　名	**江西河湖长实用指南** JIANGXI HEHUZHANG SHIYONG ZHINAN
作　　者	李洪任　谢颂华　张 磊　等 编著
出版发行	中国水利水电出版社 （北京市海淀区玉渊潭南路 1 号 D 座　100038） 网址：www.waterpub.com.cn E - mail：sales@mwr.gov.cn 电话：(010) 68545888（营销中心）
经　　售	北京科水图书销售有限公司 电话：(010) 68545874、63202643 全国各地新华书店和相关出版物销售网点
排　　版	中国水利水电出版社微机排版中心
印　　刷	天津嘉恒印务有限公司
规　　格	170mm×240mm　16 开本　7.5 印张　134 千字
版　　次	2022 年 5 月第 1 版　2022 年 5 月第 1 次印刷
印　　数	0001—2000 册
定　　价	**50.00 元**

本书编委会

主　　编　　李洪任

副 主 编　　谢颂华　　张　磊

编写人员　　喻荣岗　　肖　磊　　袁　芳　　黄　瑚

　　　　　　潘　峰　　房焕英　　吴小毛　　谢　睿

　　　　　　吴礼玲　　吴治玲　　汪艳萍　　温春云

　　　　　　王辉文　　张春杰　　胡　松　　钱　堃

　　　　　　徐宏万　　谢林波　　陈　蒙　　熊平珍

　　　　　　葛佩琳　　邓　伟

序

　　河湖是地球的血脉、生命的源泉、文明的摇篮。河湖作为生态系统和国土空间的重要组成部分,具有不可替代的自然调节、生态保障和社会服务功能。江西河湖众多,流域面积 $10km^2$ 以上河流有 3771 条,常年水面 $1km^2$ 以上湖泊 86 个。这些河湖不仅是地理环境的重要组成部分,还蕴藏着丰富的自然资源。然而,伴随着人类活动的加剧和现代社会的快速发展,河湖水系受到的影响和破坏越来越大,部分河湖功能发挥失常、生态系统紊乱、湿地退化、水生生物多样性减少等问题突显,成为经济社会发展的突出制约因素。

　　保护江河湖泊,事关生态系统稳定,事关人民群众福祉,事关中华民族长远发展。党的十八大以来,以习近平同志为核心的党中央高度重视水安全和河湖管理保护工作,提出了一系列生态文明建设的新理念新思想新战略。全面推行河湖长制,是践行习近平生态文明思想、推进生态文明建设的内在要求,是解决我国复杂水问题、维护河湖健康生命的有效举措。江西省委、省政府高度重视、高位推进河湖长制工作,于 2015 年在全国率先建立规格最高、覆盖面广、组织严密的河长制体系。五年来,江西省河湖长制建机立制、重拳治乱、打造幸福河湖,推动解决了一大批河湖保护治理难题,有力维护了河湖健康,促进了河湖综合效益的发挥,江河湖泊面貌发生显著变化,河清湖美成为常态,人民群众的幸福感明显增强。

　　在系统分析梳理江西河湖基本情况,进行多年专题研究和工作实践的基础上,江西省水利厅编写了《江西河湖长实用指南》。

该指南对河湖长工作的内容、履职要求、履职方式、履职流程进行了规范性的系统介绍，对考核评价提出了具有可操作性的评价方法和标准，为深入了解和推进河湖长制工作提供了很有价值的参照范本；该指南没有拘泥政策文件坐而论道，是一部指导河湖长制工作落实落细的工具书，具有很强的实用性，相信能为更好地推进河湖长制工作提供有益的帮助。

　　河流奔腾，浩浩汤汤；人生旅途，匆匆忙忙；聊书数语，略之为序。

江西省人民政府副省长

2022 年 1 月

前言

党的十八大以来，生态文明建设纳入国家"五位一体"总体战略；党的十九大又提出，到21世纪中叶，我国物质文明、政治文明、精神文明、社会文明、生态文明将全面提升，实现国家治理体系和治理能力现代化，中国环境治理体系面临深层次改革。改革已进入深水区，既需要顶层设计，更需要实践突破。全面推行河长制是以习近平同志为核心的党中央从人与自然和谐共生、加快推进生态文明建设的战略高度作出的重大决策部署，是破解我国新老水问题、保障国家水安全的重大制度创新[1]。

河长制最早源于江苏无锡，2007年为根治太湖的水问题，无锡市率先在乡镇基层实行河长制。随后，江苏、浙江、福建、江西等多地陆续推行，各地形成了大量的实施模式和推行经验。

2016年11月至2018年11月，《关于全面推行河长制的意见》（以下简称《意见》）、《关于在湖泊实施湖长制的指导意见》（以下简称《指导意见》）、《贯彻落实〈关于全面推行河长制的意见〉实施方案》（以下简称《实施方案》）、《全面推行河长制湖长制总结评估工作方案》相继印发，对全面推行河湖长制作出了总体部署，提出了在全国范围内全面建立河湖长制的明确要求，并对全面推行河湖长制总结评估进行全面部署。

2019年12月，水利部办公厅印发《关于进一步强化河长湖长履职尽责的指导意见》，强化河长湖长履职尽责，推动河湖长制尽快从"有名"向"有实"转变，促进河湖治理体系和治理能力现代化，持续改善河湖面貌，让河湖造福人民。2021年5月，水利部印发《河长湖长履职规范（试行）》，进一步细化各级河长湖长职责任务，规范各级河长湖长履职行为，发挥各级河长湖长履职作用，推动河湖长制落地生根见实效。

江西省全面推行河长制工作启动早、规格高、措施实、效果显。自 2015 年年底江西省全面启动河长制工作，率先在全国建立当时规格最高、覆盖面广、组织体系完善的河长制体系，省委书记任省级总河长，省长任省级副总河长，7 位省领导分别担任"五河一湖一江"的河长。江西也是全国首个建立河湖长制省级表彰制度的省份。2017 年年底中央印发《关于在湖泊实施湖长制的指导意见》后，江西省在深入推行河长制的基础上，结合江西省湖泊实际情况针对性地细化要求、实化措施，并将湖长制工作与河长制工作同部署、同推进、同落实、同考核，解决了一大批影响河湖健康的突出问题。2019 年 12 月，《江西省河长制湖长制工作规范》发布，明确了各级河湖长职责任务，推进和保障了河湖长制实施的综合治水工作。自全面启动河长制以来，江西省实现了从"见河长"到"见行动""见成效"，全省河湖水环境质量持续改善。

本书通过收集整理江西省在全面推行河湖长制过程中的一些经验做法，归纳了河湖长的工作任务、工作流程、组织推动、河湖治理要求等，探索研究了江西省河长制效能评价方法，提出了适合江西省河长制效能评价的指标体系、评价标准和评价方法，并在江西省实施河长制效能评价中得到应用。最后，根据作者在河湖长制多年考核评估过程中的经验提出了考核要点，供各地河湖长在实际工作中参考借鉴。

本书由李洪任、谢颂华总体设计，全书共 5 章，第 1 章由张磊执笔，第 2 章由张磊、房焕英执笔，第 3 章由张磊、潘峰、温春云、张春杰执笔，第 4 章由肖磊、房焕英、吴治玲执笔，第 5 章由袁芳、王辉文执笔。全书统稿与校对由张磊、吴礼玲共同完成，由李洪任、谢颂华审定。

本书的出版得到了江西水利科技重大项目"基于生态流域建设目标的河长制效能评价方法研究"（201821ZDKT19）的资助，特表示感谢。在研究期间作者得到了北京大学、河海大学、江西省水利厅、原江西省水土保持科学研究院和江西省各县（市、区）水利水保部门的大力支持，以及作者团队全体人员的密切配合，在此对他们的辛勤劳动一并表示衷心感谢。

限于作者的知识水平和实践经验，书中的缺点、遗漏甚至谬误在所难免，热切希望和欢迎各位读者提出宝贵意见。

作者

2021 年 7 月

目录

第1章 河湖长制出台背景

1.1 水环境、水生态面临的突出问题

河流、湖泊是连接陆地生态系统和水生态系统间物质循环的重要通道，是人类及生物赖以生存的大系统，河流、湖泊的健康是人类生存、经济发展的物质基础和保障条件。我国水能资源丰富，居世界第一，改革开放以来，水资源开发利用取得了辉煌成就，在防洪、发电、航运、供水、生态环境、地灾、脱贫等综合效益上发挥了巨大作用。但与此同时，由于前期规划水平有限、环境保护重视不够等原因，水资源开发利用给生态环境带来了一定负面影响，出现了水土流失、水污染、洪涝灾害、水生物种变化等严重现象，水安全面临严峻挑战。正如习近平总书记指出的，"我国水安全已全面亮起红灯，高分贝的警讯已经发出，部分区域已出现水危机。河川之危、水源之危是生存环境之危、民族存续之危"。水资源利用面临着开发和保护、发展和安全之间突出的矛盾。

江西省水系发达，河湖众多，丰富的水资源、良好的水生态环境是江西省经济社会可持续发展的最优势资源。但目前江西省河湖保护管理仍存在诸多不容忽视的问题，随着工农业生产和社会经济的发展，一些地方侵占河湖岸线、非法采砂、水资源短缺、污染物浓度增加、生物多样性降低、服务功能下降等问题愈加严重，直接影响江西人民群众生产生活和经济社会可持续发展。

1.2 河长制的缘起和发展

河长制是由各级党政主要负责人担任河长，负责辖区内河流的污染治理，是从河流水质改善、领导督办制和环保问责制所衍生出来的水污染治理制度。河长制的实施，有效地落实地方政府对环境质量负责这一基本法律制度，为区域和流域水环境治理开辟了一条新路。

河长制最早源于江苏无锡，2007年太湖大面积暴发蓝藻，引发了严重的城市水危机。为根治太湖的水问题，同年8月无锡市率先在乡镇基层实

行河长制，落实主体责任，推进部门间统筹、区域间协同，加强污染源头治理，水上、岸上两手抓，水污染防治效果明显，无锡全境水质明显改善。2008 年，浙江省湖州市长兴县出台文件试行河长制。随后，江苏、浙江、福建、江西等多地陆续推行。河长制的实施对河道水质水环境的改善、政府执政能力的提升和群众满意度的提高有显著成效。

2016 年 11 月和 2017 年 12 月，中共中央办公厅、国务院办公厅分别印发了《关于全面推行河长制的意见》（以下简称《意见》）、《关于在湖泊实施湖长制的指导意见》（以下简称《指导意见》），对全面推行河湖长制作出了总体部署，要求确保 2018 年年底前在全国范围内全面建立河湖长制，以推进河湖系统保护和水生态环境整体改善，保障河湖功能永续利用，维护河湖健康生命。2016 年 12 月，水利部、原环境保护部联合印发《贯彻落实〈关于全面推行河长制的意见〉实施方案》（以下简称《实施方案》），明确要求各地要做到工作方案到位、组织体系和责任落实到位、相关制度和政策措施到位、监督检查和考核评估到位，确保到 2018 年年底前，全面建立省、市、县、乡四级河长体系，确保《意见》提出的各项目标任务落地生根，取得实效。按照《实施方案》要求，2018 年 11 月，水利部办公厅、生态环境部办公厅印发《全面推行河长制湖长制总结评估工作方案》的通知（以下简称《工作方案》），对全面推行河湖长制总结评估进行全面部署。2021 年 5 月，水利部印发《河长湖长履职规范（试行）》，进一步细化各级河湖长职责任务，规范各级河湖长履职行为，发挥各级河湖长履职作用，推动河湖长制落地生根见实效。

依据《意见》《指导意见》《实施方案》提出的工作任务和时间节点，各级党委政府高度重视，高位推进，截至 2018 年 6 月底，河长组织体系全面建立，全国 31 个省（自治区、直辖市）（以下简称"省份"）共明确省、市、县、乡四级河长 30 多万名，29 个省份将河长体系延伸至村，设立村级河长 78 万名；各地建立了河长会议制度、信息共享制度、信息报送制度、工作督察制度、考核问责与激励制度、验收制度等制度，部分地方还出台了河长巡河、工作督办等配套制度，形成党政负责、水利牵头、部门联动、社会参与的工作格局。一些省份还同步开展了涉河湖违章建筑物清除、河湖水域垃圾清理、入河排污口检查整治、水污染治理、水生态修复、非法采砂专项整治、黑臭水体治理等专项行动，河湖面貌显著改观。

2014 年，江西省被列入首批全国生态文明建设先行示范区省份之一，将河长制工作作为生态文明建设和贯彻落实"五大发展理念"的重要制度创新。2015 年年底，江西省以省委办公厅、省政府办公厅联合印发《江西省实施"河长制"工作方案》，在全省江河湖库水域全面实施河长制。2017
年5月，按照中央《关于全面推行河长制的意见》要求，结合江西实际，
江西省委办公厅、省政府办公厅制定出台了《江西省全面推行河长制工作
方案（修订）》。2018年5月，江西省委办公厅、省政府办公厅印发了《关
于在湖泊实施湖长制的工作方案》，并将湖长制工作内容纳入河长制组织体
系、责任体系和制度体系，一同部署、一同推进、一同落实、一同考核，
形成了河湖长制工作"江西样板"。2018年12月，江西省发布《江西省实
施河长制湖长制条例》（以下简称《条例》），江西省全面推行河长制、深入
实施湖长制正式步入法治化轨道，真正实现从"有章可循"到"有法可
依"，对于进一步保护、管理、治理好江西省的河流湖泊有着推动作用。针
对各级河长工作职责、履职范围和工作重点的不同，《条例》分别明确了总
河长、河长职责。2019年12月，江西省发布地方标准《河长制湖长制工
作规范》，规定了河湖长制的定义、基础工作、组织体系、制度体系、责任
体系、工作任务、宣传引导与公众参与等内容，规范指导省内河湖长制
工作。

1.3　河湖管护的新需求

1.3.1　生态文明建设的需求

　　2012年，党的十八大将生态文明建设放在与经济建设、政治建设、社
会建设、文化建设同等重要的地位。党的十八届三中全会通过的《中共中
央关于全面深化改革若干重大问题的决定》指出，建设生态文明，必须建
立系统完整的生态文明制度体系，用制度保护生态环境。为完善生态文明
制度体系，2015年，《中共中央国务院关于加快推进生态文明建设的意见》
要求加快推进生态文明建设，并对水生态保护与修复、水环境污染防治、
生态红线和生态补偿等内容提出了明确要求。河湖水系是生态文明的重要
载体，实施河长制对于水资源保护、水域岸线管理、水污染防治、水环境
治理、水生态修护等具有重要作用，进而对推进区域和流域生态文明建设
提供支撑。

1.3.2　水生态文明建设的需求

　　2013年1月，水利部印发《关于加快推进水生态文明建设工作的意
见》，对加强水生态文明建设作出了明确部署。2013年3月，水利部下发

《关于加快开展全国水生态文明城市建设试点工作的通知》，要求加快全国水生态文明试点创建。

2014 年，水利部下发《关于深化水利改革的指导意见》，要求加快开展城乡水生态文明创建工作，并因地制宜探索水生态文明建设模式。2014年 4 月，江西省印发《江西省水利厅推进水生态文明建设工作方案》《江西省水生态文明试点建设和自主创建管理暂行办法》《江西省水生态文明建设评价暂行办法》等文件，落实并推进江西省水生态文明建设，确定第一批和第二批江西省水生态文明试点，依托试点积极构建市、县、乡（镇）、村四级联动水生态文明建设格局。2015 年 8 月，江西省水利厅出台了《江西省水利厅关于加快推进水生态文明建设的指导意见》（以下简称《指导意见》）；2016 年 1 月，江西省水利厅出台《江西省水利厅关于印发江西省水生态文明建设五年（2016—2020 年）行动计划的通知》（简称《365 行动计划》），针对指导意见确定分期实施工程与目标，加快推进水生态文明建设。

开展水生态文明建设，要求加强水资源节约保护、实施水生态综合治理等相关内容。河长制的实施对于水资源水生态环境保护与管理具有重要的促进作用，通过河长制的实施有利于加快推进江西省水生态文明建设，提升水生态文明水平[2]。

1.3.3　国家生态文明试验区（江西）建设的需求

习近平总书记强调，绿色生态是江西最大财富、最大优势、最大品牌，一定要保护好，做好治山理水、显山露水的文章，走出一条经济发展和生态文明水平提高相辅相成、相得益彰的路子，打造美丽中国"江西样板"。李克强总理指出，江西要努力在加快改革开放中推动形成发展新格局，在经济升级中走出发展新路子，优化产业结构，推动绿色发展，继续加强生态建设，促进产业提质增效。2017 年 10 月 2 日，中共中央办公厅、国务院办公厅颁布并实施《国家生态文明试验区（江西）实施方案》（以下简称《试验区实施方案》），为贯彻落实党中央、国务院关于生态文明建设和生态文明体制改革的总体部署，依托江西省生态优势和生态文明先行示范区良好的工作基础，建设国家生态文明试验区。《试验区实施方案》明确提出创新流域综合管理模式的重点任务，要求全面推行河长制，进一步细化责任、强化考核，落实水资源保护、水域岸线管理、水污染防治、水环境治理等职责，完善执法监督制度，落实河湖管护主体、责任和经费。2017 年 9 月 30 日，中共江西省委、江西省人民政府关于深入落实《国家生态文明试验区（江西）实施方案》提出意见，意见指出，建设国家生态文明试验区是一项系统工程，要确保《试验区实施方案》重点任务落地见效，深入实施河长制，逐步推进流域综合管理体制改革，构建流域水环境保护协作机制，确保水环境质量稳步提高。

河长制的实施发扬了改革创新精神，按照党中央、国务院，中共江西省委、省人民政府的要求和部署，把行政力量、市场机制和法治手段统筹结合起来，着力解决突出问题，努力构建长效机制，是建设国家生态文明试验区（江西）的重大举措。

1.3.4 鄱阳湖生态流域建设的需求

为进一步改善鄱阳湖生态环境，推动国家生态文明试验区建设，江西省人民政府办公厅印发《鄱阳湖生态环境综合整治三年行动计划（2018—2020年）》（赣府厅字〔2018〕56号）（以下简称《三年行动计划》），提出三年行动计划的主要目标是重点推进工业污染防治、水污染治理、饮用水水源地保护、城乡环境综合整治、农业面源污染治理、岸线综合整治、生态保护和修复7个方面工作，重点任务之一是深入实施水污染治理能力提升行动，包括：提升河湖长制工作实效，强化水环境质量管理和加强生活污水治理。

依托河湖长制加强江西省河湖管理，开展水污染综合防治，对落实鄱阳湖生态环境综合整治具有重要意义。

1.3.5 打造人民"幸福河"的需求

2019年9月，习近平总书记在黄河流域生态保护和高质量发展座谈会上强调，要坚持绿水青山就是金山银山的理念，坚持生态优先、绿色发展，以水而定、量水而行，因地制宜、分类施策，上下游、干支流、左右岸统筹谋划，共同抓好大保护，协同推进大治理，着力加强生态保护治理、保障黄河长治久安、促进全流域高质量发展、改善人民群众生活、保护传承弘扬黄河文化，让黄河成为造福人民的幸福河。

2020年5月，罗小云副省长在全国两会代表访谈《河湖长制保驾护航建设赣鄱"幸福河"》一文中指出，建设"幸福河"是江西水利改革发展的题中应有之义，要从为人民谋幸福的战略高度来谋划和推动河湖治理工作。这就要求以生态鄱阳湖流域建设为抓手，持续深入推进河湖长制全面见效，打造具有高质量水生态系统的示范河湖，建设"水美、岸美、产业美"的最美岸线，努力实现河湖健康、人水和谐，让人民群众拥有更多的获得感和幸福感，让治水管水的成效长期巩固、长久惠民，让每条河流都成为造福人民的幸福河。

1.4　河长制实践的目的、意义

　　江河湖泊具有重要的资源和生态功能，是水资源和水生态环境的重要组成部分，对于区域经济社会发展具有支撑作用。但随着社会经济的快速发展，人们的生活水平逐渐提高，河湖水环境日趋恶化，违法围垦湖泊、挤占河道、滥采河砂等问题比较突出，区域和流域防洪安全、供水安全和生态安全受到严重威胁，加强河湖水系的管理与保护成为现代发展的重要任务。

　　河长制正是目前水方面的生态文明顶层体制设计，是环境治理领域改革的突破口，是我国严峻的水污染情势下水环境行政治理模式的创新。

　　河长制的实施，解决了过去河湖管理中的诸多难题，对河道水质水环境的改善、政府执政能力的提升和群众满意度的提高有显著成效，在全国各地都取得了引人瞩目的成效。江西省区域行政边界和流域边界高度吻合，对于实施河长制有着重要优势。依托河长制来加强江西省河湖管理，开展水污染综合防治，对于建设江西省水生态文明试点、生态文明先行示范区具有重要意义。

第2章 江西省河湖概况

2.1 水系

江西省水系发达，河流众多，湖泊水库山塘星罗棋布，流域面积 10km² 及以上河流 3771 条，流域面积 50km² 及以上河流 967 条；常年水面面积 1km² 以上湖泊 86 个（依据《江西省第一次水利普查公报》），主要分布在环鄱阳湖区域的南昌市、九江市和上饶市。拥有全国最大的淡水湖——鄱阳湖。江西自 2015 年年底启动河长制时，就已将全省境内所有河湖水域均纳入实施范围，通过以河带湖（库、渠）或以湖带河的形式，建立湖（库、渠）长制，实现所有水域全覆盖。河湖长制实施以来，各级建立健全了省、市、县、乡、村五级河湖长组织体系。全省 7 大江河（湖泊）、114 条市级河段（湖泊）、1454 条县级河段（湖泊）、10149 条乡级河段（湖泊）均明确了河湖长。

2.2 水资源

江西省年平均降水量 1488mm，地表水资源量 1129.85 亿 m³，地下水资源量 298.54 亿 m³（其中与地表水资源量不重复计算量 19.24 亿 m³），全省水资源总量 1149.09 亿 m³。全省总用水量 250.81 亿 m³，全省人均综合用水量 540m³，万元 GDP（当年价）用水量 114m³，万元工业增加值（当年价）用水量 72m³，农田灌溉亩均用水量 587m³，农田灌溉水有效利用系数 0.509，林果灌溉亩均用水量 179m³，鱼塘补水亩均用水量 233m³。城镇居民人均生活用水量 160L/d，城镇人均公共用水量 68L/d，农村居民人均生活用水量 98L/d。

2.3 水环境

全省 178 个全国重要江河湖泊水功能区、446 个省划水功能区，监测覆盖率为 100%。全国重要江河湖泊水功能区全年全因子达标评价达标率为 91.0%，水功能区限制纳污红线主要控制项目达标评价达标率为 97.7%。省划水功能区全年全因子达标评价达标率为 94.2%，水功能区限制纳污红线主要控制项目达标评价达标率为 98.7%。

监测评价 20 个全国重要饮用水水源地，涉及 11 个设区市 41 个集中式生活饮用水水源点，水质合格率为 99.3%。

第3章 河长工作实务

3.1 工作任务与工作流程

3.1.1 主要任务

（1）总河长。根据《河长湖长履职规范（试行）》，总河长审定河湖管理和保护中的重大事项、河湖长制重要制度文件，审定本级河长办公室职责、河湖长制组成部门（单位）责任清单，推动建立部门（单位）间协调联动机制；主持研究部署河湖管理和保护重点任务、重大专项行动，协调解决河湖长制推进过程中涉及全局性的重大问题；组织督导落实河湖长制监督考核与激励问责制度；督导河湖长体系动态管理，及时向社会公告；完成上级总河长交办的任务。

（2）省级河湖长。省级河湖长审定并组织实施相应河湖"一河（湖）一策"方案，组织开展相应河湖突出问题专项整治，协调解决相应河湖管理和保护中的重大问题；明晰相应河湖上下游、左右岸、干支流地区管理和保护目标任务，推动建立流域统筹、区域协同、部门联动的河湖联防联控机制；组织对省级相关部门（单位）和下一级河湖长履职情况进行督导，对目标任务完成情况进行考核；完成省级总河长交办的任务。

（3）市、县级河湖长。市、县级河湖长定期或不定期巡查河湖，审定并组织实施相应河湖"一河（湖）一策"方案或细化实施方案，组织开展相应河湖突出问题专项治理和专项整治行动；协调和督促相关部门（单位）制定、实施相应河湖管理保护和治理规划，协调解决规划落实中的重大问题；组织开展相应河湖问题整治，督促下一级河湖长及本级相关部门（单位）处理和解决河湖出现的问题、依法依规查处相关违法行为；组织对本级相关部门（单位）和下一级河湖长履职情况进行督导，对年度任务完成情况进行考核；组织研究解决河湖管理和保护中的有关问题；完成上级河湖长及本级河湖长交办的任务。

（4）乡级河湖长。乡级河湖长开展河湖经常性巡查，对巡查发现的问题组织整改，不能解决的问题及时向相关上级河湖长或河长办公室、有关部门（单位）报告；组织开展河湖日常清漂、保洁等，配合上级河湖长、有关部门（单位）开展河湖问题清理整治或执法行动；完成上级河湖长交办的任务。

（5）村级河湖长。村级河湖长组织订立河湖保护村规民约，开展河湖日常巡查，对发现的涉河湖违法违规行为进行劝阻、制止，不能解决的问题及时向相关上级河湖长或河长办公室、有关部门（单位）报告；完成上级河湖长交办的任务。

3.1.2 履职方式

1. 加强组织领导

总河长牵头建立健全党政领导负责制为核心的责任体系，建立全面推行河湖长制工作领导机制；主持研究河湖长制推行中的重大政策措施，主持审议河湖管理和保护中的重大事项、重要制度、重点任务；结合本地实际，主持召开总河长会议、河湖长制工作会议或签发文件部署安排重点任务，以总河长令部署开展河湖突出问题专项整治行动。

省级河湖长因地制宜牵头建立相应河湖管理和保护工作联席会议制度；主持召开河长会议或专题会议，研究落实相应河湖管理和保护有关政策措施，审议相应河湖治理保护方案，协调相应河湖管理和保护的目标任务，安排年度重点任务；指导督促本级河长办公室、有关部门（单位）、下级河湖长履行相应河湖管理和保护职责。相应河湖为流域管理机构直接管理的，流域管理机构负责同志或其所属省级管理机构负责同志作为成员参加协调机制。

市、县级河湖长牵头组织细化相应河湖管理和保护目标任务，并分解落实到有关部门（单位）；督促指导本级河长办公室、有关部门（单位）、下级河湖长开展相应河湖管理和保护工作。相应河湖为流域管理机构直接管理的，要加强与流域管理机构所属河湖管理单位的沟通协调，强化协同配合。

乡级河湖长组织领导相应河湖日常巡查和管护工作，指导监督村级河湖长开展河湖巡查。

2. 开展河湖巡查调研

总河长、各级河湖长定期或不定期开展河湖巡查调研活动，动态掌握河湖健康状况，及时协调解决河湖管理和保护中的问题。原则上，总河长每年不少于 1 次，省级河湖长每年不少于 2 次，市级河湖长每年不少于 3 次（每半年不少于 1 次），县级河湖长每季度不少于 1 次，乡级河湖长每月不少于 1 次，村级河湖长每周不少于 1 次。具体要求由县级及以上河湖长结合实际组织制定。

省、市、县级河湖长开展河湖巡查调研要以解决问题为导向，可根据实际情况现场办公，协调统一各方意见，研究问题整治措施，明确问题整治要求。巡查调研前，可安排河长办公室、有关部门（单位）先行明察暗访，掌握河湖存在的突出问题，征询有关地方需要协调解决的重大问题，了解基层干部职工和群众意见。

乡、村级河湖长开展河湖巡查要以发现问题为导向，重点巡查生产经营活动频繁的河段（湖片），重点检查河湖日常管护情况，及时劝阻、制止涉河湖违法违规行为，不能解决的要及时报告上级河湖长或河长办公室、有关部门（单位）。

针对问题较多的河段（湖片），有关河湖长应当加密巡查频次，加大检查力度，及时协调督促解决问题。

3. 整治突出问题

县级河湖长组织河长办公室、有关部门（单位）开展相应河湖问题自查自纠，省、市级河湖长组织河长办公室、有关部门（单位）加强抽查检查，查清问题底数，建立问题台账。乡、村级河湖长结合日常巡查河湖，及时上报巡查发现的问题。

河长办公室、有关部门（单位）排查发现并提请解决的批量河湖突出问题，总河长或县级及以上河湖长组织集中交办分办问题整治任务，明确牵头部门（单位）和责任人，提出整治标准、完成时限要求等。

上级交办、媒体曝光和群众举报的，以及同级党委和政府、人大、政协、纪检监察机关转办的河湖突出问题，总河长、县级及以上河湖长视问题性质、严重程度作出批示，要求有关地方、河湖长、部门（单位）限期组织整改落实。问题性质严重、影响恶劣的，责成有关部门（单位）、地方依法追究违法违规主体的责任，依纪依规问责相关责任人。针对问题体量大、沉积时间长、利益关系复杂、整改成本高等河湖重大问题，总河长或县级及以上河湖长召开专题会议研究对策措施，协调统一意见，提出切实可行的整治方案。

省级河湖长加强对河湖问题整改的指导督促，适时组织河长办公室、有关部门（单位）开展随机性抽查，重大问题蹲点检查，指导完善问题整治方案，督促限时整改落实。

市、县级河湖长组织有关部门（单位）限时完成问题整治任务，加强跟踪检查，严格销号管理，确保问题整改落实到位。对性质严重、影响恶劣的突出问题，依法追究违法违规主体的责任，依纪依规问责相关责任人。

乡、村级河湖长要积极协助上级河湖长、有关部门（单位）开展问题整改落实工作。

需要对河湖水资源、水域岸线、水污染、水环境、水生态等实施系统保护和治理修复的，县级及以上河湖长要指导督促同级河长办公室组织编制"一河（湖）一策"方案或细化实施方案，提出问题清单、目标清单、任务清单、措施清单、责任清单，分步推进实施系统治理。

4. 推动跨行政区域河湖联防联治

跨行政区域河湖设立共同的上级河湖长的，最高层级河湖长按照"一盘棋"思路，统筹协调管理和保护目标，明晰河湖上下游、左右岸、干支流地区的管理责任，推动河湖跨界地区建立联合会商、信息共享、协同治理、联合执法等联防联控机制，协同落实管理和保护任务。

跨行政区域未设立共同的上级河湖长的，各行政区域河湖长按照"河流下游主动对接上游，左岸主动对接右岸，湖泊占有水域面积大的主动对接水域面积小的"原则，组织与相关地方河湖长及有关部门（单位）沟通协调，协调统一河湖管理和保护目标任务，签订联合共治协议，实现区域间联防联治。

5. 组织总结考核

推行河湖长制工作述职制度，总河长审阅或适时听取本级河湖长、河长制组成部门（单位）主要负责同志和下一级总河长的履职情况报告。乡级及以上河湖长每年听取或审阅相应河湖管理和保护有关部门（单位）和相应河湖的下一级河湖长履行职责情况报告。

严格落实河湖长考核制度，总河长组织对本级河湖长制组成部门（单位）和下一级地方落实河湖长制情况进行考核，县级及以上河湖长组织对相应河湖的下一级河湖长履职情况进行考核。考核工作由本级河长办公室承担。

强化考核结果应用，考核结果提交本级党委和政府考核办公室、组织部门，作为地方党政领导干部综合考核评价的重要依据。目标任务完成且考核结果优秀的，给予激励；目标任务落实不到位的，或者考核不合格的，组织考核的总河长、河湖长及时约谈提醒或提请问责被考核对象。

总河长审定本行政区域全面推行河湖长制工作年度总结报告。各省、自治区、直辖市要按照《意见》《指导意见》要求，每年1月底前将上一年度贯彻落实河湖长制情况报党中央、国务院。

3.1.3　基础工作任务

各级河长要统筹协调并督促落实水资源保护、水域岸线管理保护、水污染防治、水环境治理、水生态修复、行政监督执法等工作任务。

1. 加强水资源保护

河湖因水而成，充沛的水量是维护河湖健康生命的基本要求，《关于全面推行河长制的意见》明确要求加强水资源保护。落实最严格水资源管理制度，严守水资源开发利用控制、用水效率控制、水功能区限制纳污三条红线，强化地方各级政府责任，严格考核评估和监督。实行水资源消耗总量和强度双控行动，防止不合理新增取水，切实做到以水定需、量水而行、因水制宜。坚持节水优先，全面提高用水效率，水资源短缺地区、生态脆弱地区要严格限制发展高耗水项目，加快实施农业、工业和城乡节水技术改造，坚决遏制用水浪费。严格水功能区管理监督，根据水功能区划确定的河流水域纳污容量和限制排污总量，落实污染物达标排放要求，切实监管入河湖排污口，严格控制入河湖排污总量[3]。

江西省出台《江西省节约用水办法》，针对江西省节约用水管理存在的一些薄弱环节，如管理体制不顺、考核责任落实力度不强、公众节水意识不足、企业及用水户节水积极性不够等问题进行了规定。进一步对江西省节约用水管理体制进行了规定：一是规定县级以上人民政府应当加强对节约用水工作的领导，建立节约用水协调机制，协调解决节约用水工作中的重大问题，并将节约用水目标任务完成情况纳入政府绩效考核；二是规定省水行政主管部门负责全省节约用水工作的组织、协调和监督管理，拟订节约用水政策，组织编制节约用水规划，实施用水总量控制、定额管理，会同有关部门对节约用水目标任务完成情况进行评价。从投入机制、优惠政策、公众参与等方面强化节水激励和保障措施：一是要加大节约用水的投入，通过财政补助、节水奖励等方式，扶持节约用水项目，同时引导和鼓励社会资金、民间资本投入节水产业，鼓励有条件的单位和个人使用非常规水源；二是要培育、扶持和发展节约用水社会组织，引导公众广泛参与节约用水活动，推行合同节水管理；三是要对获得省级及以上节水型载体称号、用水效率达到同行业先进水平等节约用水的单位在核定用水计划时可优先满足其用水需求。

江西省出台《江西省农村供水条例》（以下简称《条例》），保障农村饮用水安全，解决农村供水管理实践中的现实问题，紧扣规范农村供水用水活动，维护供水用水双方合法权益，促进、规范、保障农村供水事业持续

13

健康发展，让农村居民"喝上安全水、卫生水"。《条例》设"水源与水质"专章，强化水源风险防控，规范水质监测检测，强化供水保障。

明确国家节水行动为主要任务之一。要求落实最严格水资源管理制度，严格执行建设项目取水许可制度，加强相关规划和项目建设布局水资源论证工作。推进节水型社会建设。加强行业节水管理，加大工业企业用水计量监控力度，加快节水技术改造，提高工业用水效率；推进农业节水建设，大力发展高效节水灌溉，加强农田水利建设，着力构建配套完善、节水高效、运行可靠的农田灌排体系。

2. 水域岸线管理保护

河湖水域岸线是河湖生态系统的重要载体，是水生态空间的重要组成部分，也是宝贵的自然资源。《关于全面推行河长制的意见》中明确要求加强河湖水域岸线管理保护。严格水域岸线等水生态空间管控，依法划定河湖管理范围。落实规划岸线分区管理要求，强化岸线保护和节约集约利用。严禁以各种名义侵占河道、围垦湖泊、非法采砂，对岸线乱占滥用、多占少用、占而不用等突出问题开展清理整治，恢复河湖水域岸线生态功能。

江西省出台《江西省河道采砂管理条例》，设立了"六项基本制度"：一是河道采砂管理实行人民政府行政首长负责制，二是河道采砂实行总量控制制度，三是河道采砂实行统一规划制度，四是河道采砂实行分级许可制度，五是实行采砂船舶（机具）集中停放制度，六是实行河道砂石采运管理单制度。强化政府在河道采砂管理中的职责，并结合改革与实践创新探索，设置了严格控制采砂船舶（机具）数量和年度河道砂石开采总量等相关制度，将为遏制河道乱挖滥采现象提供有力保障。

江西省明确了最美岸线建设行动为主要任务之一。要求严格岸线管理保护，依法划定岸线功能分区和河湖管理范围，按照深水深用、浅水浅用、节约集约利用的原则，构建科学有序、高效生态的岸线开发保护和利用格局，大力开展非法码头、非法采砂、固体废物等专项整治行动，依法打击违法违规占用、乱占滥用、占而不用等行为。维护岸线生态功能，打造"水美、岸美、产业美"最美岸线。

3. 水污染防治

水污染问题是当前我国存在的较为严重的水问题，也是人民群众反映强烈的水问题，破解河湖水体污染难题、有效防治水污染是各级政府义不容辞的责任，《关于全面推行河长制的意见》中明确要求加强水污染防治。落实《水污染防治行动计划》，明确河湖水污染防治目标和任务，统筹水上、岸上污染治理，完善入河湖排污管控机制和考核体系。排查入河湖污染源，加强综合防治，严格治理工矿企业污染、城镇生活污染、畜禽养殖污染、水产养殖污染、农业面源污染、船舶港口污染，改善水环境质量。优化入河湖排污口布局，实施入河湖排污口整治。

江西省明确了入河排污防控行动为主要任务之一。要求强化水污染源头治理，城镇污水处理厂执行一级 A 排放标准，设区城市污泥无害化处理处置率达到 90%以上。严格入河污染物管控。落实水功能区限制纳污制度，强化重点企业排污监管和入河排污口监管，规范入河排污口设置审批，健全入河排污口台账，全面推进重点排污单位自动监控和入河排污口监督性监测。持续开展入河排污口专项整治，优化入河排污口布局，加快非法设置入河排污口整改提升和规范化建设。加强饮用水水源地保护。

4. 水环境治理

良好的水生态环境，是最公平的公共产品，是最普惠的民生福祉，《关于全面推行河长制的意见》中明确要求加强水环境治理。强化水环境质量目标管理，按照水功能区的要求确定各类水体的水质保护目标。切实保障饮用水水源安全，开展饮用水水源规范化建设，依法清理饮用水水源保护区内违法建筑和排污口。加强河湖水环境综合整治，推进水环境治理网格化和信息化建设，建立健全水环境风险评估排查、预警预报与响应机制。结合城市总体规划，因地制宜建设亲水生态岸线，加大黑臭水体治理力度，实现河湖环境整洁优美、水清岸绿。以生活污水处理、生活垃圾处理为重点，综合整治农村水环境，推进美丽乡村建设。

江西省印发《江西省推进生态鄱阳湖流域建设行动计划的实施意见》明确了河湖水域保护行动为主要任务之一。要求维持河湖水域面积，推进江河湖库水系连通，推进水体净化，加强河湖水环境保护，提升河湖水体自净能力。消灭Ⅴ类和劣Ⅴ类水，整治城市黑臭水体。因地制宜种植有利于净化水体的水生植物，放养有利于净化水体的鱼类和底栖动物，恢复滨水植被群落，修复受损水生态系统。实施绿色水产养殖，严格控制围栏和网箱养殖，推行人放天养等生态健康养殖模式，改善水环境质量。实施水生生物资源养护工程，加强对江豚等珍稀濒危生物保护，严格执行禁渔期、禁渔区等制度，坚决打击非法捕捞行为，最大限度保护生物的多样性。健全河湖监测体系。建立河湖健康评价常态化工作机制，完善河湖健康评价指标体系，制定河湖健康评价标准。

5. 水生态修复

山水林田湖草是一个生命共同体，要坚持生态优先、绿色发展，注重系统治理，永葆江河湖泊生机活力，《关于全面推行河长制的意见》中明确要求加强水生态修复。推进河湖生态修复和保护，禁止侵占自然河湖、湿地等水源涵养空间。在规划的基础上稳步实施退田还湖还湿、退渔还湖，恢复河湖水系的自然连通，加强水生生物资源养护，提高水生生物多样性。开展河湖健康评估。强化山水林田湖系统治理，加大江河源头区、水源涵养区、生态敏感区保护力度，对三江源区、南水北调水源区等重要生态保护区实行更严格的保护。积极推进建立生态保护补偿机制，加强水土流失预防监督和综合整治，建设生态清洁型小流域，维护河湖生态环境。

江西省出台《江西省湖泊保护条例》，明确规定："湖泊保护实行湖长制。湖长负责对湖泊保护工作进行督导和协调，督促或者建议政府及有关部门履行法定职责，协调解决湖泊水资源保护、水域岸线管理、水污染防治、水环境改善、水生态修复等工作中的重大问题。"通过建立湖泊保护名录制度方式明确湖泊保护对象，并授权县级以上人民政府可以根据需要将其他人工湖泊列入湖泊保护名录。湖泊保护实行"一湖一策"、坚持源头治理，强化联防联控，统筹陆地水域、统筹岸线水体、统筹水量水质、统筹入湖河流与湖泊自身，增加湖泊管理保护的整体性、系统性和协同性。江西省印发《江西省推进生态鄱阳湖流域建设行动计划的实施意见》明确了流域生态修复行动为主要任务之一。要求推进流域林地湿地建设，加强生态修复与治理，开展流域生态综合治理。

6. 行政监督执法

严格的执法监管，是维护良好的河湖管理秩序，保障河长制各项任务目标顺利实现的重要保障，《关于全面推行河长制的意见》中明确要求加强执法监管。建立健全法规制度，加大河湖管理保护监管力度，建立健全部门联合执法机制，完善行政执法与刑事司法衔接机制。建立河湖日常监管巡查制度，实行河湖动态监管。落实河湖管理保护执法监管责任主体、人员、设备和经费。严厉打击涉河湖违法行为，坚决清理整治非法排污、设障、捕捞、养殖、采砂、采矿、围垦、侵占水域岸线等活动。

江西省印发《江西省推进生态鄱阳湖流域建设行动计划的实施意见》，在流域管理创新行动中明确了建立生态环境综合执法机制。坚持和完善鄱阳湖区联谊联防机制，推进鄱阳湖联合巡逻蛇山岛执法基地建设，强化鄱阳湖区联合执法。推进鄱阳湖生态环境专项整治。开展河湖非法矮圩网围联合排查整治行动，严厉打击破坏河湖生态环境的违法犯罪行为。完善行政执法与刑事司法衔接机制，建立公益诉讼线索移送机制，探索建立适合各地实际的生态环境综合执法机构，健全跨区域环境联合执法协作机制，提升行政监管与执法能力。

3.1.4 基础工作流程

河长履职标准化流程,主要包括"认河、巡河、治河、护河"等工作。

(1)认河。河长认河流程见图 3.1,要求河长和河段长在全面了解相应河湖基本概况后,由河湖长牵头,召集相关河流流经地的下级河长开展现场调查,贯彻落实河长会议工作部署;专题研究所辖河流基本情况、保护管理和河长制工作重点、推进措施。

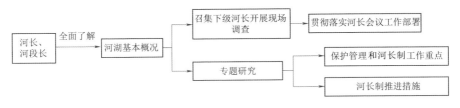

图 3.1 河长认河流程图

(2)巡河。河长巡河任务和目标见图 3.2,落实"第一时间发现问题"的要求,发现问题及时妥善处理。河长巡河发现问题处理流程见图 3.3,河长联络人员要如实、准确做好河长巡查记录。河长在日常巡河中发现的重大问题可直接签发"河长令"交办任务,一般问题可由河长办公室以"督办函"的形式交办任务。"河长令"和"督办函"均要明确督办任务、承办单位和协办单位、办理期限等。联络人员要对"河长令"处理交办跟

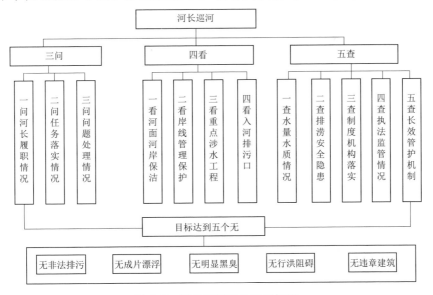

图 3.2 河长巡河任务和目标图

踪情况，以纸质版或信息化电子记录等形式存档备查。要发动群众巡查保洁员结合日常保洁，及时将问题报告河长。

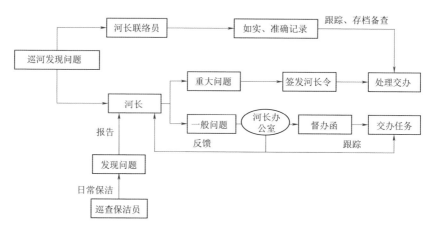

图 3.3　河长巡河发现问题处理流程图

（3）治河。河长办公室梳理分析汇总河长在认河和巡河过程中发现的问题，着重查摆出水环境治理、水污染防治、水资源保护、水域岸线管理、水生态修复、执法监管六方面存在的主要问题。完成"一河一档"，委托相关有资质单位编写"一河一策"，通过"一河一档"和"一河一策"明确工作目标和具体任务，逐步推进所辖河流流域保护和治理行动。具体流程见图 3.4。

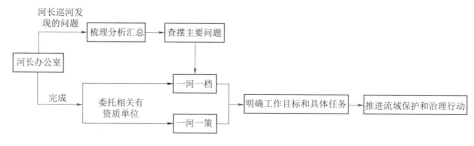

图 3.4　河长治河流程图

各级河长办公室、河湖长制工作责任单位接到上报的污染事件、公众投诉事件，应按照以下方式进行处理，并跟踪事件处理进程直至事件处理完成，具体流程见图 3.5，事件受理及处理台账见表 3.1。一般事件处理方式：①属于下级河湖长管理范围内的事项，应当交下级有关单位（县级以上）承办；②属于本级河湖长管理范围内的事项，应当根据职责分工进行组织调查、分析、处理；③涉及两个以上单位的事项，由首个接到上报事件的单位会同所涉及单位共同协商确定主办、协办单位进行处理；④对于跨流域、跨地区事项，应及时报上一级河长办公室进行处理和协调。紧急、重大事项处理：接报紧急、重大事项，由相关责任部门迅速组织调查、核实，在职权范围内依法采取必要补救及应对措施，同时上报本级河长办公室，河长办公室反馈至所属河湖长，由所属河湖长督办相关责任单位落实事件处理，防止不良影响发生、扩大。

表 3.1　　　　　　　　事件受理及处理台账（样表）

编号：××××年-××号

问题名称			
问题来源			
受理时间		受理人	
投诉举报人		联系电话	
住址		邮箱	
反映问题主要内容			
拟办意见			
处室意见			
领导批示			
问题处理及结果			
备注			

承办单位处理上报事件时，应当遵照法律、法规、规章、规范性文件，及时、准确、公正办理，不得推诿、敷衍、拖延。受理上报事件后，承办

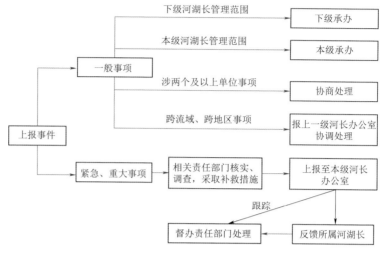

图 3.5 上报事件处理流程图

单位应当进行调查核实，收集认定事实的证据；根据有关事实、证据，依法进行办理。利用河湖管理信息系统，实现对上报事件处理全过程的跟踪。完善河湖移动监管平台建设，通过 App、公众号等收集公众的意见和建议，并酌情采纳。

（4）护河。河长护河流程见图 3.6，河长牵头组织对照"一河一档"，落实要求"一河一策"。推进河湖管理体制改革，逐步实现河湖长效管护社会化、市场化、专业化、集约化、标准化、精细化，积极推行管养分离，强化河湖监测评估。

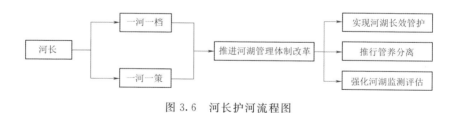

图 3.6 河长护河流程图

3.2 河长制组织推动

3.2.1 河长制组织体系

全面推行河长制、实施湖长制，以河湖长制推进现代水治理方式转变，是党中央的重大战略决策部署。2014年，江西省被列入首批全国生态文明建设先行示范区省份，将河长制工作作为生态文明建设和贯彻落实"五大发展理念"的重要制度创新。2015年年底，江西省在全国率先实施"流域＋区域"的河长制，建立了由党委、政府主要领导担任总河长、副总河长的省、市、县、乡行政区域四级和省、市、县、乡、村流域五级河长组织体系，将全省境内所有河湖水域均纳入实施范围，通过以河带湖（库、渠）或以湖带河的形式，建立湖（库、渠）长制，实现所有水域全覆盖。

3.2.1.1　组织体系

1. 建立河长体系

建立流域统一管理与区域分级管理相结合的河长制组织体系。按区域，省、市、县、乡（镇、街道）行政区域内设立总河长、副总河长，由行政区域党委、政府主要领导分别担任；按流域，设立河流河长。赣江、抚河、信江、饶河、修河等五河干流和鄱阳湖（含清丰山溪）、长江江西段及跨设区市支流设立省河长，由省委、省人大常委会、省政府、省政协相应领导分别担任，对口副秘书长（对口专门委员会主任委员或专职副主任）协助开展工作。河流所经市、县（市、区）、乡（镇、街道）党委、政府及村级（社区）组织为责任主体，设立市河长、县河长、乡河长和村河长，村组（社区）设专管员或巡查员、保洁员。其中，省级河长负责河流由市、县（市、区）政府主要领导担任市河长、县河长。其他河流（东江定南水、寻乌水、渌水等）由设区市按照区域和流域相结合的原则设立总河长、副总河长、河长，明确责任单位。河长的具体设立和调整，按照国家和本省有关规定执行。

河长制实施以来，江西省建立健全了省、市、县、乡、村五级河长组织体系。按区域，省、市、县、乡均明确了由党委、政府主要领导同志担任总河长、副总河长，党委、人大、政府、政协相关领导为流域或流域河段河长的河长组织体系[4]。按流域，全省7大江河、114条市级河段、1454条县级河段、10149条乡级河段均明确了河长[5]，并通过报纸、电视、网络、公开栏等形式进行公告。同时，设立河长公示牌，公布河湖管理保护范围、河长职责、责任人名单和投诉举报电话，增强社会监督。在此基础上，通过以河湖带库（渠），建立了库长制、渠长制，实现了河长制工作全覆盖。

2. 设立河长办公室

县级以上人民政府应当设立河长制工作机构，乡级及以下可根据工作需要设立河长制工作机构，或落实专门人员负责河长制工作；县级以上河长制工作机构设在水利部门，主任由同级政府分管领导担任，常务副主任由同级政府副秘书长或政府办分管副主任、水利部门主要负责人担任，副主任由同级有关责任部门分管同志担任；各级河长制工作机构专职副主任负责组织领导工作机构日常工作的开展。

2016 年，省、市、县均成立河长办公室，办公室主任由各级水行政主管部门主要负责人担任。2018 年，为进一步加大河湖长制工作协调力度，江西省将省河长办公室设置规格进行升级，由省政府分管农口的副省长担任省河长办公室主任，对口的省政府副秘书长、省水利厅厅长分别担任常务副主任。在省级河长办公室升格带动下，各地对市、县、乡三级河长办公室进行升格，均由分管的政府领导担任河长办公室主任。2017 年，江西省率先在全国设立了省河长办公室专职副主任，省编办批复在水利厅设立省河长制工作处。目前，全省 11 个设区市、100 个县（市、区）河长办公室专职副主任基本配备到位[6]。县级以上均在水行政主管部门设立河长制工作机构，具体承担河长办公室的日常工作，并落实了工作人员和办公场所。省、市、县三级财政结合实际安排落实工作经费，各级河长制工作机构的工作经费均列入当地财政预算。

3. 河长制责任单位

县级以上人民政府应当将涉及河湖管理和保护的组织、宣传、编办、教育、团委、发展改革、科技、工信、公安、司法、财政、人社、自然资源、生态环境、住建、交通运输、水利、农业农村、商务、文旅、卫健、审计、林业、市场监管、统计等相关部门列为河长制责任单位，并明确责任单位工作分工。

为深入贯彻《中共中央办公厅、国务院办公厅印发〈关于全面推行河长制的意见〉的通知》和《水利部、环境保护部关于贯彻落实〈关于全面推进河长制的意见〉实施方案的函》等精神，建立健全河湖管理保护体制机制，结合江西省实际，制定《江西省全面推行河长制工作方案（修订）》。明确建立部门联动机制。省委组织部、省委宣传部、省委农工部、省编办、省政府法制办、省发展改革委、省财政厅、省人社厅、省审计厅、省统计局、省工信委、省交通运输厅、省住房和城乡建设厅、省环保厅、省工商局、省旅发委、省农业厅、省林业厅、省水利厅、省国土资源厅、省科技厅、省教育厅、省卫健委、省公安厅等为河长制省级责任单位。省级各责任单位要在省级河长的领导下，各司其职、各负其责、密切配合、协调联动，依法履行河湖管理保护的相关职责。省级责任单位须确定 1 名厅级干部为责任人，1 名处级干部为联络人。2019 年，根据机构改革及河湖长制工作需要，对省级责任单位进行了调整，调整后的省级责任单位为 25 家。

3.2.1.2 职责分工

1. 河长职责

（1）县级以上总河长、副总河长负责本行政区域内河长制工作的总督导、总调度，组织研究本行政区域内河长制的重大决策部署、重要规划和重要制度，协调解决河湖管理、保护和治理的重大问题，统筹推进河湖流域生态综合治理，督促河长、政府有关部门履行河湖管理、保护和治理职责；乡级总河长、副总河长履行本行政区域内河长制工作的督导、调度职责，督促实施河湖管理工作任务，协调解决河湖管理、保护和治理相关问题；市、县、乡级总河长、副总河长兼任责任水域河长的，还应当履行河长的相关职责。

（2）省级河长履行下列主要职责：一是组织领导责任水域的管理保护工作；二是协调和督促下级人民政府和相关部门解决责任水域管理、保护和治理的重大问题；三是组织开展巡河工作；四是推动建立区域间协调联动机制，协调上下游、左右岸，实行联防联控。

（3）市、县级河长履行下列主要职责：一是协调解决责任水域管理、保护和治理的重大问题；二是部署开展责任水域的专项治理工作；三是组织开展巡河工作；四是推动建立部门联动机制，督促下级人民政府和相关部门处理和解决责任水域出现的问题，依法查处相关违法行为；五是完成上级河长交办的工作事项。

（4）乡级河长履行下列主要职责：一是协调和督促责任水域管理、保护和治理具体工作任务的实施，对责任水域进行巡查，及时处理发现的问题；二是对超出职责范围无权处理的问题，履行报告职责；三是对村级河长工作进行监督指导；四是完成上级河长交办的工作事项。

（5）村级河长履行下列主要职责：一是开展责任水域的巡查，劝阻相关违法行为，对劝阻无效的，履行报告职责；二是督促落实责任水域日常保洁和堤岸日常维养等工作任务；三是完成上级河长交办的工作事项。

2. 河长办公室职责

河长办公室主要职责是承担河湖长制组织实施的具体工作，履行组织、协调、分办、督办职责，落实总河长、河湖长确定的事项，当好总河长、河长湖长的参谋助手。履行以下职责：

（1）协助河长、湖长开展河湖长制工作，落实河长、湖长确定的任务，定期向河长、湖长报告有关情况。

（2）协调建立部门联动机制，督促相关部门落实工作任务，协助河长、湖长协调处理跨行政区域上下游、左右岸水域管理、保护和治理工作。

（3）加强协调调度和分办督办，组织开展专项治理工作，会同有关责任单位按照流域、区域梳理问题清单，督促相关责任主体落实整改，实行问题清单销号管理。

（4）组织开展河湖长制工作年度考核、表彰评选，负责拟定河湖长制相关制度，组织编制"一河一策""一湖一策"方案。

（5）开展河湖长制相关宣传培训等工作。

（6）总河长、副总河长、总湖长、副总湖长或者河长、湖长交办的其他任务。

县级以上人民政府应当为本级河湖长制工作机构配备必要的人员，河湖长制工作经费列入本级财政预算。

3. 责任单位职责

各河长制责任单位应当按照分工，依法履行河湖管理、保护、治理的相关职责。

（1）省水利厅负责承担省河长办公室具体工作，开展水资源管理保护，推进流域生态综合治理、节水型社会和水生态文明建设，组织河道采砂、水利工程建设、河湖管理与保护等，依法查处水事违法违规行为。在完善联合执法机制的基础上探索综合执法。

（2）省委组织部负责将河长履职情况作为领导干部年度考核述职的重要内容。

（3）省委宣传部负责组织河湖管理保护的新闻宣传和舆论引导。

（4）省委农工部参与制定农村垃圾治理有关政策，做好政策落实有关工作，与省住房和城乡建设厅共同负责推进农村生活污水和垃圾治理工作。

（5）省编办负责河长制涉及的机构编制调整工作。

（6）省政府法制办负责组织开展对河湖管理保护有关立法工作。

（7）省发展改革委负责组织编制河湖管理保护规划，协调推进河湖保护有关重点项目，研究制订河湖保护产业布局和重大政策，推进落实生态保护补偿工作。

（8）省财政厅负责保障河湖管理保护所需资金，会同相关部门监督资金使用。

（9）省人社厅负责按有关规定指导河长制表彰奖励工作，将河长制年度重点任务纳入相关省直部门的年度绩效管理指标体系。

（10）省审计厅负责开展自然资源资产离任审计，将水域、岸线、滩涂等自然资源资产纳入审计内容。

（11）省统计局负责提供河长制工作有关统计资料，指导河长制工作考核。

（12）省工信委负责推进工业企业污染控制和工业节水，协调新型工业化与河湖管理保护有关问题。

（13）省交通运输厅负责推进航道整治及疏浚，组织开展船舶及港口码头污染防治。

（14）省住房和城乡建设厅负责指导各地推进城镇和集镇垃圾、污水处理等基础设施建设，指导推进城市建成区黑臭水体整治，查处侵占蓝线的违法建设项目，与省委农工部共同负责推进农村生活污水和垃圾治理工作。

（15）省环保厅负责组织实施全省水污染防治工作方案，制定更严格的河湖排污标准，建立水质恶化倒查机制，开展入河工业污染源的调查执法和达标排放监管，定期发布全省地表水水质监测成果。

（16）省工商局负责查处无照经营行为。

（17）省旅发委负责指导和监督景区内河湖管理保护。

（18）省农业厅负责推进农业面源、畜禽养殖和水产养殖污染防治工作，依法依规查处破坏渔业资源的行为，推进农药化肥减量治理。

（19）省林业厅负责推进生态公益林和水源涵养林建设，推进河湖沿岸绿化和湿地保护与修复工作。

（20）省国土资源厅负责监管矿产资源（河道采砂除外）开发整治过程中的地质环境保护工作，负责协调河湖治理项目用地保障，对河湖及水利工程进行确权登记。

（21）省科技厅负责组织开展节约用水、水资源保护、河湖环境治理、水生态修复等科学研究和技术示范。

（22）省教育厅负责指导和组织开展中小学生河湖保护教育活动。

（23）省卫健委负责指导和监督饮用水卫生监测和农村卫生改厕。

（24）省公安厅负责组织指导开展河湖水域突出治安问题专项整治工作，依法打击影响河湖水域的各类犯罪行为。

各市、县（区）应当进一步明确当地有关单位的具体职责。

3.2.2 制定河长制工作方案

省、市、县、乡级应制定河长制、湖长制工作方案，由各级党委或政府印发实施，内容应符合《关于全面推行河长制的意见》《关于在湖泊实施湖长制的指导意见》要求，主要内容包含实施范围、河湖管理保护目标、组织体系、职责分工、主要任务和保障措施。工作方案应符合本级河湖管理保护实际，工作目标、任务设置应与区域综合规划、专业专项规划相衔接。

2015 年 11 月 1 日，江西省委办公厅、省政府办公厅联合印发《江西省实施"河长制"工作方案》（以下简称《工作方案》）。《工作方案》要求构建省、市、县、乡、村五级河长管理体系。总河长、副总河长负责总督导、总调度。各级河长是所辖河流河湖保护管理的直接责任人，其中省级河长负责指导、协调所辖河流河湖保护管理工作，市、县河长要落实属地责任，具体推进本区域河湖突出问题整治、水污染综合防治、河湖巡查保洁、河湖生态修复和河湖保护管理。省委书记担任省级总河长，省长担任省级副总河长，省级党政四套班子分管或联系农口、环保的 7 位省级领导分别担任赣江、信江、抚河、鄱阳湖、饶河、长江江西段、修河省级河长。《工作方案》主要围绕加强水管理、保护水资源、防治水污染、维护水生态展开，严格水资源管理与保护，落实最严格水资源管理制度；加强水体污染综合防治，改善河湖水质；开展江河源头和饮用水水源地保护，推动河湖生态环境保护与修复；加强水域岸线及采砂管理，加强行政监管与执法；完善河湖管理保护制度及法规。

中央出台《关于全面推行河长制的意见》后，江西省各级着力进行河长制工作方案的修订工作，2017 年 6 月完成全省 11 个设区市、118 个县（市、区）（含非建制区）、1655 个乡（镇、街道）河长制工作方案的修订印发，比中央要求提前半年完成。2018 年以来，有湖泊的市、县、乡实施湖长制工作方案已全部出台。

3.2.3　完善河长制制度体系

江西为贯彻落实党中央、国务院关于全面推行河长制的决策部署，建立健全河长制相关工作制度，根据中共中央办公厅、国务院办公厅印发的《关于全面推行河长制的意见》（以下简称《意见》）和《水利部环境保护部贯彻落实〈关于全面推行河长制的意见〉实施方案》（以下简称《实施方案》）要求，提出了全面推行河长制相关工作制度，主要包括以下方面。

3.2.3.1　会议制度

（1）总河湖长会议：由总河湖长或副总河湖长主持召开，会议按程序由河湖长制工作机构拟定并报请总河湖长或副总河湖长确定，会议形成的会议纪要经总河湖长或副总河湖长审定后印发。

（2）河湖长会议：由河湖长主持召开，会议按程序由河湖长制工作机构拟定并报请河湖长确定，会议形成的会议纪要经河湖长审定后印发。

（3）责任单位联席会议：由河湖长制工作机构或责任单位提出，按程序报请河湖长制工作机构主任确定，由河湖长制工作机构主任或其委托的常务副主任定期或不定期主持召开，会议形成的会议纪要经河湖长制工作机构主任审定后印发。

（4）责任单位联络人会议：河湖长制工作机构根据需要召开责任单位联络人会议，会议由河湖长制工作机构专职副主任主持召开。

3. 2. 3. 2　信息工作制度

1. 信息公开制度

（1）公开要求为县级以上河湖长制工作机构负责定期向社会公开河湖长制相关信息。

（2）公开内容包括河湖长名单、河长湖长职责、河湖保护管理情况等。

（3）公开方式包括政府公报、政府网站、新闻发布会以及报刊、广播、电视、公示牌等便于公众知晓的方式。

（4）公开频次为河湖长名单宜每年公开一次，其他信息按要求及时更新。

（5）公示牌和宣传牌。公示牌和宣传牌以行政村为单位，设置于人流量较大、进出通道等醒目位置。省级公示牌主要设置在赣江、抚河、信江、饶河、修河等五河干流、鄱阳湖（含清丰山溪）、长江江西段及五河支流跨设区的市河段。市、县级公示牌应设置在市、县级河湖长管辖河段、湖泊范围内。公示牌和宣传牌应双面利用，正面为公示牌，背面为宣传牌。

公示牌应标明责任河段、湖泊范围以及河湖长姓名职务、河湖长职责、保护治理目标、监督举报电话等主要内容，河湖长相关信息发生变更的，应及时予以更新；宣传牌内容从河长制宣传标语库中选取。

省、市级河长制公示牌根据流域分级统一标题名称分别为"江西省河长制公示牌"和"××市河长制公示牌"，县、乡、村级河长制公示牌统一标题名称为"××县（××乡、××村）河长制公示牌"，公示牌规格建议见表3.2，样式见图3.7～图3.9，实际尺寸根据各地情况进行调整。

2. 信息通报制度

（1）各级河湖长制工作机构根据河湖长制工作情况，主要针对下级河湖长履职不到位、工作进度严重滞后、河湖保护管理中存在的突出问题等实行通报。

表 3.2   **公 示 牌 规 格 建 议**   单位：m

规格	流经县级以上城区河流		流经乡（镇）、村河流		距地面高度
	长	宽	长	宽	
省级公示牌	3.00±0.05	2.00±0.05	1.80±0.05	1.20±0.05	0.80±0.05
市、县级公示牌	1.80±0.05	1.20±0.05	1.20±0.05	0.80±0.05	0.80±0.05
乡、村级公示牌			长：宽＝3:2		1.00±0.05

本版面尺寸为3m×2m（宽×高），整体版面要求：蓝底白字、长宽比3:2，建议材质为木质或不锈钢。

图 3.7   省级河长制公示牌样式

本版面尺寸为1.8m×1.2m（宽×高），整体版面要求：蓝底白字、长宽比3:2，建议材质为木质或不锈钢。

图 3.8   市级河长制公示牌样式

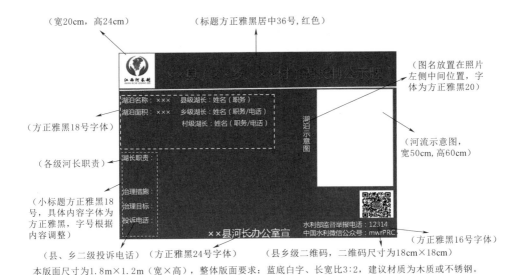

（宽20cm，高24cm）　　　　（标题方正雅黑居中36号，红色）

（图名放置在照片左侧中间位置，字体为方正雅黑20）

（方正雅黑18号字体）

（河流示意图，宽50cm，高60cm）

（各级河长职责）

（小标题方正雅黑18号，具体内容字体为方正雅黑，字号根据内容调整）

（方正雅黑16号字体）

（县、乡二级投诉电话）　（方正雅黑24号字体）　　（县乡级二维码，二维码尺寸为18cm×18cm）

本版面尺寸为1.8m×1.2m（宽×高），整体版面要求：蓝底白字、长宽比3:2，建议材质为木质或不锈钢。

图3.9　县、乡、村级河长制公示牌样式

（2）通报范围为河湖长制责任单位，各设区的市、县（区）人民政府、乡（镇）人民政府。

（3）通报形式采用公文通报、《河长制湖长制工作通报》等。

（4）被通报的单位应在10个工作日内整改到位并提交整改报告，确有困难的需书面说明情况。

3. 信息共享制度

（1）通过实行基础数据、涉河工程、水域岸线管理、水资源监测、水环境质量监测等信息共享制度，为各级河长湖长和相关单位全面掌握信息、科学有效决策提供有力支撑。

（2）实现途径为县级以上河湖长制工作机构应建立河湖长制管理信息平台，实行河湖管理、保护和治理信息共享，为河湖长实时提供信息服务。

（3）共享范围为各级河长湖长，河湖长制责任单位，各级河湖长制工作机构。

（4）共享内容主要包括河湖水域岸线、水资源、水环境质量、水生态等方面的信息。按部门职责划分，主要共享信息有：

1）工信部门共享本行政区域工业园区污水处理设施（管网）建设情况。

2）生态环境部门共享本行政区域断面水质数据，饮用水水源保护情况，市、县备用水源建设情况，工业企业污染控制情况，入河湖排污口现状，农村污染现状及整治情况。

3）住建部门共享本行政区域城镇生活污水治理情况，农村生活垃圾治理情况，黑臭水体基本情况及治理情况。

4）交通运输部门共享本行政区域船舶港口基本情况及污染防治情况。

5）水利部门共享本行政区域河湖基本情况，河湖水资源数据，河湖水域岸线数据及专项整治情况，节水情况，采砂规划及非法采砂专项整治情况，水库山塘情况及水库水环境专项整治情况，水土流失现状及治理情况。

6）农业农村部门共享本行政区域农村黑臭水体基本情况及治理情况，畜禽养殖现状及污染控制情况，化肥、农药使用及减量化治理情况，渔业资源现状及保护、整治情况，水域水产养殖和滩涂养殖情况。

7）林业部门共享本行政区域林地、湿地、野生动植物基本情况及非法侵占林地、破坏湿地和野生动植物资源等违法犯罪的整治情况。

8）其他需要共享的信息。

（5）按照职责分工，河湖长制责任单位定时更新上报涉及河湖管理保护的相关信息，由本级河湖长制工作机构审核发布后实行共享。河湖长制责任单位已建成的相关监测端口应接入河湖长制管理信息平台。

（6）共享的信息可不向社会公开，确需公开的应报经相关河湖长制责任单位审批同意。

4. 信息报送制度

各级河湖长制工作机构和河湖长制责任单位应将河湖长制日常相关信息以及年度工作总结报至上级河湖长制工作机构，本行政区域的年度工作总结由河湖长制工作机构汇总后，按信息报送程序逐级上报。

3.2.3.3　巡查制度

1. 巡查频次

县级以上河长湖长应定期组织开展巡河巡湖工作。省级河长湖长每年带队巡河巡湖不少于一次，市级河长湖长每半年带队巡河巡湖不少于一次，县级河长湖长每季度带队巡河巡湖不少于一次，乡级河长湖长每月巡河巡湖不少于一次，村级河长湖长每周巡河巡湖不少于一次。

2. 巡查方式

采用实地察看、全线督查、随机询问周边群众、书面问卷调查、查阅佐证资料等方式，可配合卫星遥感、无人机、视频监控等现代化技术手段，提高巡查效率和质量。

3. 巡查内容

（1）县级以上河长湖长应组织巡查，具体巡查内容按照《江西省实施河长制湖长制条例》（2018年11月29日江西省第十三届人民代表大会常务委员会第九次会议通过，自2019年1月1日起施行）的要求执行。

（2）乡、村级河湖长巡查内容根据工作实际参照执行。

4. 巡查记录

各级河长湖长要严格按规定频次和规定要求开展巡查工作，并做好巡查记录，做到巡查的轨迹、内容电子化，有文字、图片或视频，台账清晰可查。已建立河湖长制信息管理系统的，应使用信息平台开展巡查工作，巡查记录样表见表3.3。

表3.3 河湖长制巡查记录表（样表）

年　月　日　时至　时　　　　　　　　　　　　天气：

巡查人员	
巡查河流、湖泊名称	
巡查路线（起终点）	
发现主要问题 （包括问题现状、责任主体、地点、照片等）	
处理情况 （包括当场制止措施、制止效果，提交有关职能部门或向上级河长湖长、河湖长制工作机构反映问题的解决情况）	

3.2.3.4　督察制度

1. 督察组织

（1）根据河湖长指示要求，由相关部门、单位牵头开展以流域为单元的督察。

（2）联合督察为由河湖长制工作机构负责牵头、相关责任单位配合对本行政区域的河湖长制工作开展专项明察暗访。省级宜每年不少于两次，市、县两级根据实际需要确定频次。

（3）专项督察为相关责任单位按照"清河行动"等相关专项整治行动分配的工作任务和职责分工，负责牵头开展督察。省级宜每年不少于一次，市、县两级根据实际需要确定频次。

2. 督察对象

各级人民政府；各级河湖长制工作机构；各级河湖长制责任单位。

3. 督察内容

主要包括河湖长制基础工作情况、上级精神贯彻落实情况、各级河湖长履职情况、工作任务实施情况和问题整改落实情况等。

4. 结果运用

（1）纳入各级河湖长制工作年度考核。

（2）督察过程中发现的新经验、好做法，应以适当形式予以肯定，总结推广经验，表扬相关单位和个人。

（3）督察过程中发现的工作落实不到位、进度严重滞后等问题，由河湖长制工作机构下发督办函，并抄报本级河长湖长，必要时予以通报。

（4）督察结束 10 个工作日内，牵头单位应向本级河湖长制工作机构提交督察报告。河湖长制工作机构将督察发现的问题及相关意见和建议反馈相关部门。

3.2.3.5 督办制度

1. 督办总程序

按照"收集-归类-分办-督办-调度-跟踪-核实-销号"的程序，运用"督办函""河长令""湖长令"等形式进行督办，实行"闭环销号"，督办单样表见表 3.4。

2. 督办类型

（1）责任单位督办。责任单位对职责范围内需要督办的事项进行督办，督办对象为对口下级责任单位。

（2）河湖长制工作机构督办。河湖长制工作机构对河湖长批办事项、涉及责任单位和下级政府需要督办的事项，或责任单位不能有效督办的事项进行督办。督办对象为本级责任单位、下级河长湖长、下级河湖长制工作机构。

（3）河湖长督办。河长湖长对河湖长制工作机构不能有效督办的重大事项进行督办，督办对象为责任单位主要负责人和责任人，下级总河湖长、副总河湖长。

表 3.4　　　　　　　　　　河湖长制督办单（样表）

编号：　　年　　号

督办事项			
问题来源			
受理时间		受理人	
反映问题 主要内容			
交办任务	［"督办函""河（湖）长令"］		
承办单位意见			年　月　日
河湖长制工作机构 协调意见			年　月　日
问题处理及结果			年　月　日
地方销号			年　月　日
立卷归档			年　月　日
备注			

3. 督办流程

（1）督办任务交办。主要采用"督办函""河长令""湖长令"等书面形式交办任务。"督办函"由督办单位的主要负责同志签发，"河长令""湖长令"按程序由总河湖长或相应的河湖长签发。督办文件明确督办任务、承办单位和协办单位、办理期限。

（2）督办任务承办。承办单位接到交办任务后，应按要求按时保质完成。督办事项涉及多个责任单位的由牵头责任单位负责组织协调，在办理过程中若出现意见分歧较大难以协调的，应报请本级河湖长制工作机构协调。

（3）督办反馈。督办任务完成后，承办单位应及时向本级河湖长制工作机构书面反馈；在规定时间内未办理完毕的，应及时将工作进展、存在的问题、下一步安排等情况反馈至本级河湖长制工作机构。

（4）立卷归档。督办单位应对督办事项登记造册，统一编号。督办任务完成后，及时将督办事项原件、领导批示、处理意见、督办情况报告等资料立卷归入相应河（湖）的档案。

（5）督办处理。对督办事项落实不力且造成不良影响的，应按程序提请相关河湖长或总河湖长、副总河湖长对其进行约谈。

3.2.3.6　考核制度

1. 组织领导

由省河长办公室组织相关责任单位，对各设区的市、县（市、区）人民政府河湖长制工作开展情况进行考核。

2. 考核周期

河湖长制工作实行年度考核制。

3. 考核程序

（1）制定方案。根据河湖长制年度工作要点，省河长办公室负责制定年度考核方案报省级总河湖长会议研究确定。

（2）开展考核。根据考核方案，省河长办公室、省级责任单位根据分工开展考核。

（3）公布结果。根据各设区的市、县（市、区）单个指标的分值及综合得分，对各设区的市、县（市、区）考核进行排名，及时公布考核结果。

4. 结果运用

（1）考核结果纳入市、县高质量发展综合考核评价体系和流域生态补偿机制，由省政府发布并抄告省级责任单位及组织、人事、综治办等有关部门。

（2）各级河湖长履职情况应作为干部年度考核述职的重要内容。

（3）各设区的市、县（市、区）可根据本级相关规定开展考核工作。

3.2.3.7　表彰奖励制度

（1）江西省河长制工作先进集体、优秀河长评选根据《江西省人民政府办公厅关于印发江西河长制工作省级表彰评选暂行办法的通知》（赣府厅发〔2018〕9号）要求进行表彰评选。

（2）县级以上人民政府应按照有关规定和程序，对河湖长制工作成绩显著的集体和个人予以表彰奖励。

3.3　河湖治理

3.3.1　"一河（湖）一档"

1. 建档对象

"一河一档"以整条河流或河段为单元建立，河段"一河一档"要与整条河流"一河一档"相衔接。

"一湖一档"以整个湖泊为单元建立。

2. 建档主体

"一河一档"由省、市、县级河长办公室负责组织建立。最高层级河长为省级领导的河流（段），由省级河长办公室负责组织建立；最高层级河长为市级领导的河流（段），由市级河长办公室负责组织建立；最高层级河长为县级及以下领导的河流（段），由县级河长办公室负责组织建立。

在一省范围内的湖泊，"一湖一档"由最高层级湖长相应的河长办公室负责组织建立。跨省级行政区域的湖泊，"一湖一档"由湖泊水域面积相对较大的省份牵头，商相关省份组织建立，流域管理机构要参与协调工作。

3. 主要内容

"一河（湖）一档"包括基础信息和动态信息。基础信息包括河湖自然属性、河（湖）长信息等；动态信息包括取用水、排污、河湖水质、水生态、岸线开发利用、河道利用、涉水工程和设施等。

（1）基础信息。

1）河流。河流（段）自然属性主要包括河流（段）名称、河流（段）编码、上一级河流名称、上一级河流编码、所在水系、河流（段）起讫位置、河流（段）长度、代表站水文信息、河段支流数量、河段与行政区位置关系等。

河长信息主要包括各级河长姓名、职务等。

2）湖泊。湖泊自然属性主要包括湖泊名称、湖泊编码、所在水系名称、所涉行政区、湖泊水域总面积、平均水深、主要入湖出湖河流名称及位置等。

湖长信息主要包括各级湖长姓名、职务等。

（2）动态信息。

1）河流。取用水信息主要包括取水口、许可年取水量、实际年取水量、饮用水水源地情况等。

排污信息主要包括排污口、年排污量、排污口监测情况等。

水质信息主要包括河段起讫点水质类别、不同水质河段比例、水功能区水质达标率等。

水生态信息主要包括河道断流情况、各类自然文化资源保护区、国家重点生态功能区和重点风景名胜区等。

岸线开发利用信息主要包括岸线长度、岸线功能区划情况、开发利用情况等。

河道利用信息主要包括通航、水产养殖、规划采砂可采区以及可采总量等。

涉水工程和设施信息主要包括拦河闸与拦河泵站、橡胶坝与滚水坝、通航建筑物、水库、堤岸护坡、港口与码头、桥梁、涵洞、隧洞、渡槽等跨河穿河临河建筑物情况。

2）湖泊。取用水信息主要包括取水口、许可年取水量、实际年取水量、饮用水水源地情况等。

排污信息主要包括湖区排污口、限制排污总量、年排污量、排污口监测等。

水质信息主要包括水质类别、富营养化程度、主要污染物等。

水生态信息主要包括湖泊干涸情况、水生态空间划定情况、沿湖湿地公园和水生生物保护区建设情况等。

水域岸线开发利用信息主要包括岸线长度、岸线开发利用、岸线分区、水产养殖水面面积、规划采砂可采区以及可采总量等。

涉水工程和设施信息主要包括堤防、水电站、水闸、泵站、港口与码头、桥梁，以及其他跨湖、穿湖、临湖建筑物和设施等。

4．信息来源与填报

（1）信息来源。"一河（湖）一档"各类信息的收集、整理以现有成果为基础，信息来源包括规划与普查数据、公报及统计数据、各级河长办公室补充调查数据、相关系统接入数据、其他公开数据等，见表 3.5。有关数据应注意保持动态更新。

表 3.5 台 账 数 据 来 源

序号	数据来源	具 体 资 料 名 称
1	规划与普查数据	水资源调查评价、相关水利规划、第一次全国水利普查、水污染普查、地理国情普查等
2	公报及统计数据	各级政府、相关部门的公报及统计年鉴等

续表

序号	数据来源	具 体 资 料 名 称
3	各级河长办公室补充调查数据	各级河长办公室针对水域岸线开发利用、排污口、水质状况等开展补充调查的数据
4	相关系统接入数据	水资源监控管理系统、公安部门视频监控系统、环境保护部门信息化管理系统等
5	其他公开数据	公开版天地图数据、高精度遥感数据等

（2）信息填报。"一河（湖）一档"信息内容多，填报工作量大，按照"先易后难、先简后全"的原则分阶段建立。应首先完成"一河（湖）一档"基础信息，重点收集填报河流（段）湖泊自然属性、各级河长湖长基本信息、临河临湖与跨河跨湖涉水工程信息等，兼顾已有或易获取的动态信息；有条件的地区，可同步布置安排动态信息的收集整理与填报，逐步建立完整的"一河（湖）一档"。各地可结合不同河流湖泊的实际，因地制宜适当增加或减少"一河（湖）一档"相关信息。

3.3.2 "一河（湖）一策"

1. 水利部"一河（湖）一策"编制要求

水利部办公厅关于印发《"一河（湖）一策"方案编制指南（试行）》的通知（办建管函〔2017〕1071号）对"一河（湖）一策"方案编制提出以下要求。

（1）编制原则。

1）坚持问题导向。围绕《关于全面推行河长制的意见》提出的六大任务，梳理河湖管理保护存在的突出问题，因河（湖）施策，因地制宜设定目标、任务，提出针对性强、易于操作的措施，切实解决影响河湖健康的突出问题。

2）坚持统筹协调。目标任务要与相关规划、全面推行河长制工作方案相协调，妥善处理好水下与岸上、整体与局部、近期与远期、上下游、左右岸、干支流的目标任务关系，整体推进河湖管理保护。

3）坚持分步实施。以近期目标为重点，合理分解年度目标任务，区分轻重缓急，分步实施。对于群众反映强烈的突出问题，要优先安排解决。

4）坚持责任明晰。明确属地责任和部门分工，将目标、任务逐一落实到责任单位和责任人，做到可监测、可监督、可考核。

（2）编制对象。"一河一策"方案以整条河流或河段为单元编制，"一湖一策"原则上以整个湖泊为单元编制。支流"一河一策"方案要与干流方案衔接，河段"一河一策"方案要与整条河流方案衔接，入湖河流"一河一策"方案要与湖泊方案衔接。

（3）编制主体。由省、市、县级河长办公室负责组织编制。最高层级河长为省级领导的河湖，由省级河长办公室负责组织编制；最高层级河长为市级领导的河湖，由市级河长办公室负责组织编制；最高层级河长为县级及以下领导的河湖，由县级河长办公室负责组织编制。其中，河长最高层级为乡级领导的河湖，可根据实际情况采取打捆、片区组合等方式编制。

方案可采取自上而下、自下而上、上下结合方式进行编制，上级河长确定的目标任务要分级分段分解至下级河长。

（4）编制基础。在梳理现有相关涉水规划成果的基础上，要先行开展河湖水资源保护、水域岸线管理保护、水污染、水环境、水生态等基本情况调查，开展河湖健康评估，摸清河湖管理保护存在的主要问题及原因，以此作为确定河湖管理保护目标任务和措施的基础。

（5）方案内容。包括综合说明、现状分析与存在的问题、管理保护目标、管理保护任务、管理保护措施、保障措施等。其中，要重点制定好问题清单、目标清单、任务清单、措施清单和责任清单，明确时间表和路线图。

1）问题清单。针对水资源、水域岸线、水污染、水环境和水生态等领域，梳理河湖管理保护存在的突出问题及其原因，提出问题清单。

2）目标清单。根据问题清单，结合河湖特点和功能定位，合理确定实施周期内可预期、可实现的河湖管理保护目标。

3）任务清单。根据目标清单，因地制宜提出河湖管理保护的具体任务。

4）措施清单。根据目标任务清单，细化分阶段实施计划，明确时间节点，提出具有针对性、可操作性的河湖管理保护措施。

5）责任清单。明晰责任分工，将目标任务落实到责任单位和责任人。

（6）方案审定。由河长办公室报同级河长审定后实施。省级河长办公室组织编制的"一河（湖）一策"方案应征求流域机构意见。对于市、县级河长办公室组织编制的"一河（湖）一策"方案，若河湖涉及其他行政区的，应先报共同的上一级河长办公室审核，统筹协调上下游、左右岸、干支流目标任务。

（7）实施周期。原则上为 2～3 年。河长最高层级为省级、市级的河湖，方案实施周期一般为 3 年；河长最高层级为县级、乡级的河湖，方案实施周期一般为 2 年。

2. 江西省"一河（湖）一策"编制要求

（1）编制对象。全省 50km² 以上的 967 条河流和常年水面面积 1km² 以上的 86 个湖泊，所涉及的市、县应以河流（湖泊）或河段为单元编制，其他河湖可按流域或片区打捆编制。

在本行政区域内流域面积较小（10km² 以下）河段不存在问题的，说明情况后可不编制方案。

（2）编制主体。"一河（湖）一策"实施方案由各级河长办公室组织河长制责任单位和相关部门编制。

（3）实施周期。"一河（湖）一策"编制实施周期为 3 年。

（4）编制原则。

1）问题导向、重点突出。对照河湖长制工作任务，梳理河湖存在的主要问题，以问题为导向，因河（湖）施策，因地制宜设定目标、任务与措施，切实解决影响河湖健康的突出问题，保证主要目标的实现。

2）因地制宜、合理安排。结合各地经济社会发展情况、河湖保护治理相关规划要求和前期治理情况，按照轻重缓急和难易程度，合理安排项目实施。对于急需治理、社会反响较大的突出问题，应优先安排。

3）责任明确、措施落地。对应目标任务，将任务项目化、项目清单化，明确时间表、项目表、责任表，明确整治期限、责任人及达标时间，做到可监督、可考核，确保措施落地。

（5）编制基础。在梳理现有相关涉水规划成果的基础上，要先开展河湖水资源、水污染、水环境、水生态、水管理等基本情况调查，开展河湖健康评估，摸清河湖保护管理存在的主要问题及成因，以此作为制定河湖保护与治理目标任务和措施的基础。

（6）方案内容。包括综合说明、现状分析与存在的问题、保护与治理目标、保护与治理任务及措施、保障措施等，要重点制定好问题清单、目标清单、任务清单、措施清单和责任清单，明确时间表和路线图。

1）综合说明。主要包括河湖基础信息（地理位置、集雨面积、所属流域、河道起止点、河道长度、流经行政区域）、经济社会情况、水源地、水环境功能区、自然保护区、水产种质资源保护区等。

2）现状分析与存在的问题。充分利用清河行动调查的问题和已有的发改、水利、环保、农业、林业、住建、工信等各类普查、公报和已编制的相关规划、方案等成果，结合调查工作，梳理水资源保护利用（包括最严格水资源管理制度落实情况、饮用水水源地、河湖取排水情况、工业农业生活节水情况等)、污染源(包括入河排污口情况、工业污染、生活污染、农业农村面源污染、河湖内源污染、船舶港口污染等)、水环境质量(包括监测断面水质类别、水环境功能区水质类别及水环境功能区达标率等)、水生态现状(包括水土流失及治理情况,河湖涉及的自然保护、江河源头区、生态敏感区、水源涵养区,河湖水生生物多样性情况)、水管理现状(包括主要水工程、涉河建筑物、水域岸线管理、河湖管理和执法队伍、执法能力建设情况等)、河湖保护治理情况(包括已编制的河湖保护与治理相关规划、方案,已出台的政策、文件,及已建或在建的治理项目等)等河湖基本情况。

根据现状调查结果,从水资源、水污染、水环境、水生态和水管理等方面,分析河湖存在的主要问题,评价河湖健康状况;查找问题产生的原因,梳理河湖保护与治理的关键技术与管理环节,并结合河湖自身特点,总结河湖保护治理的主要经验。

3)保护与治理目标。根据《江西省全面推行河长制工作方案(修订)》,结合河湖存在的主要问题和保护要求,确定各地河湖保护总体目标及各年度目标,各项指标值的确定应与河湖已有上位规划和方案中确定的目标和控制性指标值要求尽量协调一致。

4)保护与治理任务及措施。针对河湖管理保护存在的主要问题和保护目标,因地制宜提出保护与治理主要任务,制定任务及措施清单,明确保护与治理责任。保护与治理任务既不要无限扩大,也不能有所偏废,要因地制宜、统筹兼顾,突出解决重点问题、焦点问题。主要包括水资源保护、水污染防治、水环境治理、水生态修复、水规划及水管理等五大方面的任务及措施。

5)保障措施。从组织保障、经费保障、宣传引导、公众参与、监督考核等方面制定实施保障措施。

(7)成果形式。

1)一本方案。《××河(湖)"一河(湖)一策"实施方案》。

2)一套表格。主要包括:"附表1 ××河湖(河段)管理保护问题清单""附表2 ××河湖(河段)全面推行河长制目标清单""附表3 ××河湖(河段)全面推行河长制分解目标""附表4 ××河湖(河段)全面推行河长制任务及措施清单"。

3)一个系统。建立基于地理信息系统的"一河(湖)一策"项目信息采编系统。

(8)方案审定。由河长办公室报同级河长审定后实施。对于市、县级河长办公室组织编制的"一河（湖）一策"方案，若河湖涉及其他行政区域的，应先报共同的上一级河长办公室审核，统筹协调上下游、干支流、左右岸目标任务。

3.3.3 专项行动

1. 工作主要内容

专项行动主要围绕工业污染集中整治、城乡生活污水及垃圾整治、保护渔业资源整治、黑臭水体管理和治理、船舶港口污染防治、破坏湿地和野生动物资源整治、畜禽养殖污染治理、农药化肥减量化行动、河湖"清四乱"整治、非法采砂整治、水域岸线利用整治、水质不达标河湖治理、入河排污口整治、河湖水库生态渔业整治、集中式饮用水水源保护、河湖水域治安整治工作、《长江保护法》宣传贯彻（2021年新增）等17个方面开展工作。

2. 问题排查

（1）自查发现问题。按照专项行动方案，各级河长组织按照责任单位分工开展问题排查，并形成台账上传"江西省河长制河湖管理地理信息平台"。

（2）督查暗访发现问题。省、市、县各级河长组织按照工作需要开展督查暗访，查出问题，具体如下：

1）自查发现问题。按照工作方案，各级河长组织部门细化工作分工，组织各相关责任单位各司其职、各尽其责，开展集中巡河检查，并定期开展调度工作，对巡河发现的问题按照《河长制湖长制工作规范》（DB 36/T 1219—2019）"河长制湖长制巡查记录表"建立问题台账。

2）暗访发现问题。按实际需要及工作需要，由省水利厅、省水利厅直属事业单位、地方水行政主管部门等组成督查暗访工作小组，按照专项行动方案对所涉及的问题开展暗访督查，以确保河湖长制各项工作落实推动问题整改，以举报制度发挥群众监督作用。

3. 整改销号

按照自查、暗访等发现问题建立的问题台账，制定整改计划，细化责任分工，按时完成整改销号。重大问题需召开专题会议协调解决，对于突出问题进行挂牌督办，完成整改销号并及时上传"江西省河长制河湖管理地理信息平台"。

省、市、县各级河长制组织，在年度考核前完成专项清河行动材料整理、自评，市级在完成本级自评工作的同时，要对所辖县（市、区）〔不含省直管试点县（市）〕结果进行复核。

第4章 河长制工作效能评价

4.1 评价指标

4.1.1 评价指标选取原则

目前，针对河长制的研究多从法制、制度体系、实践经验、探索启示、公众参与等方面进行，而河长制实施以来的效果和效率等效能评价研究，尤其综合考虑河长制的水资源保护、河湖水域岸线管理保护、水生态修复、水环境治理、水污染防治和执法监管六大任务等方面效能的评价体系和方法研究很少，因此急需建立完善的河长制效能评价指标体系。

本书对河长制整体的效能评价进行了探索研究，综合考虑河长制水资源保护、河湖水域岸线管理保护、水生态修复、水环境治理、水污染防治和执法监管六大任务因素，对反映河长制效能的各要素进行定量评估，以期提供具有科学性、参考性的评价体系和评价标准结果。

选取原则如下：

（1）代表性：选取的指标应具有代表性，每个指标应能反映某一方面的特征，并且要有一定的普遍适应性。

（2）系统性：充分反映河长制效能的内涵，按照评价基本框架，系统地表征推行河长制在水资源保护、河湖水域岸线管理保护、水生态修复、水环境治理、水污染防治和执法监管6个方面的效能，从河长制整体出发，将体现效能要素全部纳入进去，但又不能简单罗列，应在理清每个子系统间的客观联系的条件下，选取典型指标。

（3）差异性：指标体系应涵盖河长制效能的主要方面，又要简明扼要，指标数量不宜过多，指标间应具有明显的差异性。

（4）可获取性：指标测度应简单易行，计算指标所需数据应易获得且比较可靠，便于计算、比较和分析。

4.1.2 评价指标体系构建

在深入分析河长制内涵和生态流域建设目标的基础上，本书结合江西省河长制建设实际及相关的政策法规，根据指标体系选取原则，通过已有研究成果的频次分析、课题组会议讨论初步对河长制效能评价指标进行筛选，并通过权威专家咨询打分后，构建了江西省市、县级和乡、村级两个层面的河长制效能评价指标体系。

4.1.2.1 频次分析法

通过频次分析法客观地选取评价指标。以《鄱阳湖生态环境综合整治三年行动计划（2018—2020 年）》《全面推行河长制湖长制总结评估大纲》（2019 年）的要求与目标为依据，借鉴《水生态文明城市建设评价导则》《美丽乡村建设导则》《基于云模型的区域河长制考核评价模型》《江苏省河长制推行成效评价和时空差异研究》《水利现代化评价指标体系与评价方法研究》等相关规范和已有成果的基础上，遵循科学实用、操作性强的原则，用频次分析法筛选江西省河长制效能评价指标体系，使其评价指标通俗易懂、不重复交叉，又突出河长制效能的特点。

根据国家、行业的相关标准，以及相关研究报告中具有代表性的研究成果，对比分析其所建立的评价指标体系，选取指标出现频次较高（频次两次及以上）的 28 项指标，见表 4.1。

表 4.1 评价指标频次统计结果

序号	频次 2 次及以上指标	频次
1	集中式饮用水水源地安全保障达标率/地级及以上城市集中式饮用水水源水质达到或优于Ⅲ类比例	4
2	万元工业增加值用水量/万元工业增加值用水量相对值	4
3	农田灌溉水有效利用系数	3
4	水功能区水质达标率	3
5	水土流失治理程度/水土流失治理率	3
6	城市污水集中处理达标率/生活污水集中处理率	3
7	黑臭水体消除比例/城市黑臭水体治理率	3
8	水生态环境质量公众满意度/公众满意度	3
9	地表水水质劣Ⅴ类水体控制比例	2
10	防洪排涝达标率/流域防洪达标率/区域防洪除涝达标率/城市防洪除涝达标率	2
11	自来水普及率/城市人口用水普及率	2
12	万元 GDP 用水量	2

序号	频次 2 次及以上指标	频次
13	岸线综合整治／"清四乱"①完成率	2
14	河湖管理保护范围划定完成率／骨干河道岸线划界完成率	2
15	水域面积比例	2
16	重要湿地保留率	2
17	水质优良度②／地表水水质优良比例	2
18	工业废水排污达标率／工业废水排放量	2
19	废污水达标处理率	2
20	化肥施用强度／化肥施用量负增长	2
21	农药施用强度／农药施用量负增长	2
22	化学需氧量排放量	2
23	氨氮排放量	2
24	河长制公示牌内容合格率／公示牌覆盖率	2
25	巡河次数达到要求／河湖日常保洁巡查落实率	2
26	水利科技信息化水平	2
27	人才结构达标率	2
28	水利投入政策到位率	2

注 ①"清四乱"：为进一步加强河湖管理保护，维护河湖健康生命，水利部定于自 2018 年 7 月 20 日起，用 1 年时间，在全国范围内对乱占、乱采、乱堆、乱建等河湖管理保护突出问题开展专项清理整治行动（以下简称"清四乱"专项行动）。"清四乱"专项行动范围为第一次全国水利普查流域面积 $1000km^2$ 以上河流、水面面积 $1km^2$ 以上湖泊。

②水质优良度指标的评分同时考虑区域黑臭水体情况，若存在黑臭水体，则根据比例减分。

部分指标在不同的标准和文献里提法不完全一致，但其反映的内涵是一致的，故合并为一个指标统计频次，如集中式饮用水水源地安全保障达标率、地级及以上城市集中式饮用水水源水质达到或优于Ⅲ类比例均反映集中式饮用水水源水质情况，类似的还有：万元工业增加值用水量、万元工业增加值用水量相对值，水土流失治理程度、水土流失治理率，水生态环境质量公众满意度、公众满意度，黑臭水体消除比例、城市黑臭水体治理率，自来水普及率、城市人口用水普及率，岸线综合整治、"清四乱"完成率，河湖管理保护范围划定完成率、骨干河道岸线划界完成率，水质优良度、地表水水质优良比例，化肥／农药施用强度、化肥／农药施用量负增长等，防洪排涝达标率、流域防洪达标率、区域防洪除涝达标率、城市防洪除涝达标率、城市污水集中处理达标率、生活污水集中处理率等。

按河长制六大任务与社会公众的反馈，对频次分析筛选出的 28 个指标进行分类，形成河长制效能评价的初选指标库，见表 4.2。

表 4.2　　　　　　　　　　频次分析选取的评价指标

序号	准则层	指　标　层
1	水资源保护	水功能区水质达标率
2		万元工业增加值用水量/万元工业增加值用水量相对值
3		农田灌溉水有效利用系数
4		防洪排涝达标率/流域防洪达标率/区域防洪除涝达标率/城市防洪除涝达标率
5		自来水普及率/城市人口用水普及率
6		万元 GDP 用水量
7	河湖水域岸线管理保护	岸线综合整治/"清四乱"完成率
8		河湖管理保护范围划定完成率/骨干河道岸线划界完成率
9	水污染防治	工业废水排污达标率/工业废水排放量
10		废污水达标处理率/城市污水处理率
11		生活污水集中处理率
12		化肥施用强度/化肥施用量负增长
13		农药施用强度/农药施用量负增长
14		化学需氧量排放量
15		氨氮排放量
16	水环境治理	集中式饮用水水源地安全保障达标率/地级及以上城市集中式饮用水水源水质达到或优于Ⅲ类比例
17		水质优良度/地表水水质优良比例
18		黑臭水体消除比例/城市黑臭水体治理率
19		地表水水质劣Ⅴ类水体控制比例
20	水生态修复	水土流失治理程度/水土流失治理率
21		水域面积比例
22		重要湿地保留率
23	执法监管	河长制公示牌内容合格率/公示牌覆盖率
24		巡河次数达标率/河湖日常保洁巡查落实率
25		水利科技信息化水平
26		人才结构达标率
27		水利投入政策到位率
28	社会公众	公众满意度

4.1.2.2　指标初步筛选

将《关于全面推行河长制的意见》（2016 年）提出的六大任务与社会公众作为子目标层，对《鄱阳湖生态环境综合整治三年行动计划（2018—2020 年）》重点推进 7 个方面重点工作的目标作为指标筛选的依据（表4.3），根据《全面推行河湖长制总结评估技术大纲》（2019 年）对河湖治理保护及成效、河湖长履职情况的评估指标和赋分标准，参考《美丽乡村建设指南》（GB/T 32000—2015）和《江西省水生态文明建设与评价关键技术及应用》乡镇评价指标体系，课题组多次内部讨论，初步对初选指标库中的评价指标进行筛选和部分调整，形成江西省河长制效能评价的市、县级和乡、村级初选指标体系，见表 4.4 和表 4.5。

表 4.3　　　　　　　　　　　　　指标筛选的依据

全面推行河长制六大任务	《鄱阳湖生态环境综合整治三年行动计划（2018—2020 年）》7 个方面重点工作						
	工业污染防治	水污染治理	饮用水水源地保护	城乡环境综合整治	农业面源污染治理	岸线综合整治	生态保护和修复	到 2020 年，全省化学需氧量、氨氮主要污染物排放量分别比 2015 年削减 4.3%、3.8%以上
水资源保护			√					
河湖水域岸线管理保护						√		
水污染防治	√	√			√			√
水环境治理				√				
水生态修复							√	
执法监管	√	√	√	√	√	√	√	

表 4.4　　　　　　　　　　　　　市、县级初选指标体系

序号	准则层	市、县级指标层
1	水资源保护	水功能区水质达标率
2		万元工业增加值用水量相对值
3		农田灌溉水有效利用系数
4		防洪排涝达标率
5	河湖水域岸线管理保护	河湖管理保护范围划定完成率
6		河流纵向连通性指数
7		河湖生态护岸比例

续表

序号	准则层	市、县级指标层
8	水污染防治	工业废水排污量降低率
9		城市生活污水排污量降低率
10		畜禽养殖粪污综合利用率
11		畜禽规模养殖场粪污处理设施装备配套率
12		农药施用强度
13		化肥施用强度
14		排污口达标排放率
15	水环境治理	地表水水质优良比例
16		地表水水质劣V类水体控制比例
17		集中式饮用水水源水质达标率
18		黑臭水体消除比例
19	水生态修复	水土流失率
20		生态需水保障率
21		水域面积比例
22		水生生物完整性指数
23		卫生厕所普及率
24	执法监管	河长制公示牌公示内容合格率
25		省级信息填报完整率
26		巡河次数达标率
27	社会公众	公众满意度

表 4.5　　　　乡、村级初选指标体系

序号	准则层	乡、村级指标层
1	水资源保护	自来水普及率
2		万元工业增加值用水量相对值
3		农田灌溉水有效利用系数
4		防洪排涝达标率
5		生活用水保障率
6	河湖水域岸线管理保护	门塘水系整治率
7		水库、山塘、门塘水系连通率
8	水污染防治	生活污水集中处理率
9		畜禽养殖粪污综合利用率

序号	准则层	乡、村级指标层
10	水污染防治	生态养殖
11		农药施用强度
12		化肥施用强度
13		农田排水水质达标情况
14		"双控"措施*
15	水环境治理	集中式饮用水水源水质达标率
16	水生态修复	水土流失率
17		生态需水保障率
18		水域面积比例
19		生活垃圾有效处理率
20		卫生厕所普及率
21	执法监管	河长制公示牌公示内容合格率
22		巡河次数达标率
23	社会公众	公众满意度

注 *"双控"措施指有测土配方施肥、秸秆还田、绿肥轮作、水肥一体化技术、新型肥料或其他控制农药、化肥施用的措施。

4.1.2.3 专家咨询确定评价指标体系

在确定初选指标的基础上,召开专家咨询会,通过发放专家咨询表 30 余份,征求国内河湖管理权威专家、河长制管理人员、科研院所从事流域生态研究等方面数十位专家意见,分别对两个指标体系各准则层指标的重要性进行组内排序,保留专家推荐率 70% 以上的指标,确定江西省河长制效能评价指标体系。

4.1.2.4 评价指标体系的优化

经项目组会议讨论和专家咨询表的相关意见,江西省市、县级河长制效能评价指标在保留了专家推荐率 70% 以上指标的基础上,增加了万元工业增加值用水量相对值、化肥施用强度、省级信息填报完整率等 3 个指标(推荐率均在 50% 以上),并根据专家意见和实际评估工作增加了"清四乱"整改完成率,将巡河次数达标率换成了更能反映市县级河长制监管成效的巡河问题整改率,删除了不易获取的河湖生态护岸比例、生态需水保障率和畜禽养殖粪污综合利用率,最终确定了基于水资源保护、河湖水域岸线管理保护、水污染防治、水环境治理、水生态修复、执法监管和社会公众七大体系 19 个指标在内的江西省市县级河长制效能评价体系，见表 4.6。

表 4.6　　　　　　江西省市、县级河长制效能评价指标体系

序号	准则层	市、县级指标层
1	水资源保护	水功能区水质达标率
2		万元工业增加值用水量相对值
3		农田灌溉水有效利用系数
4	河湖水域岸线管理保护	河湖管理保护范围划定完成率
5		"清四乱"整改完成率
6	水污染防治	工业废水排污量降低率
7		城市生活污水排污量降低率
8		畜禽规模养殖场粪污处理设施装备配套率
9		农药施用强度
10		化肥施用强度
11		排污口达标排放率
12	水环境治理	地表水水质优良比例
13		地表水水质劣 V 类水体控制比例
14		集中式饮用水水源水质达标率
15		黑臭水体消除比例
16	水生态修复	水土流失率
17	执法监管	省级信息填报完整率
18		巡河问题整改率（含督办问题整改率）
19	社会公众	公众满意度

江西省乡村级河长制效能评价指标在保留了专家推荐率 70% 以上指标的基础上，增加了卫生厕所普及率（推荐率为 60%），并根据专家意见和实际评估工作增加了巡河问题整改率，删除了不易获取的生态需水保障率、畜禽养殖粪污综合利用率、农田排水水质达标情况等 3 个指标，生活用水供水保证率（推荐率 100%）与自来水普及率（推荐率 90%）内涵相似，水库、山塘、门塘水系连通率（推荐率 70%）和门塘水系整治率（推荐率 80%）内涵相似，故均保留了数据可获性和可靠性更强的后者，最终确定了基于水资源保护、河湖水域岸线管理保护、水污染防治、水环境治理、水生态修复、执法监管和社会公众七大体系 14 个指标在内的江西省乡村级河长制效能评价体系，见表 4.7。

表 4.7　　　　　　　　　江西省乡、村级河长制效能评价指标体系

序号	准则层	乡、村级指标层
1	水资源保护	自来水普及率
2		农田灌溉水有效利用系数
3		防洪排涝达标率
4	河湖水域岸线管理保护	门塘水系整治率
5	水污染防治	生活污水集中处理率
6		农药施用强度
7		化肥施用强度
8	水环境治理	集中式饮用水水源水质达标率
9	水生态修复	生活垃圾有效处理率
10		卫生厕所普及率
11	执法监管	河长制公示牌公示内容合格率
12		巡河次数达标率
13		巡河问题整改率（含督办问题整改率）
14	社会公众	公众满意度

经过以上对初拟评价指标体系的专家咨询和调整，本书最终建立了由目标层、准则层、指标层构成的江西省河长制效能评价指标体系。

（1）目标层：目标层为"江西省河长制效能"，包括市、县和乡、村两类，反映江西省市、县级和乡、村级河长制总体效能状况。

（2）准则层：准则层是河长制实施的主要任务及社会公众的反映，从不同方面反映江西省市、县级和乡、村级运行河长制效能，包括水资源保护、河湖水域岸线管理保护、水污染防治、水环境治理、水生态修复、执法监管和社会公众七大方面。

（3）指标层：指标层是对准则层的具体分述，在准则层下选择若干指标组成。本书选取了 19 个直接反映江西省市、县级河长制效能的指标，14个直接反映江西省乡、村级河长制效能的指标，以上指标以定量为主、定性为辅，对易于获取数据的指标尽可能地通过量化指标来反映，对难以准确量化的指标通过定性描述来反映。

4.1.3　指标分析及数据获取

4.1.3.1　市、县级指标分析

（1）水功能区水质达标率。水功能区水质达标率指水质达标水功能区

数量比例，按式（4.1）计算：

$$R_功 = \frac{G_标}{G_总} \times 100\%$$ (4.1)

式中：$R_功$ 为水功能区水质达标率；$G_标$ 为水质达标水功能区数量；$G_总$ 为水功能区总数。

参与评价的水功能区为国家或省级人民政府批复的水功能区。

（2）万元工业增加值用水量相对值。万元工业增加值用水量相对值指区域万元工业增加值用水量（采用当年价计算）与当年全国万元工业增加值用水量的比值，按式（4.2）计算：

$$W_{工相对} = \frac{W_工}{W_{工平均}} \times 100\%$$ (4.2)

式中：$W_{工相对}$ 为万元工业增加值用水量相对值；$W_工$ 为万元工业增加值用水量；$W_{工平均}$ 为当年全国万元工业增加值用水量。

（3）农田灌溉水有效利用系数。农田灌溉水有效利用系数指田间实际净灌溉用水总量与毛灌溉用水总量的比值，按式（4.3）计算：

$$\rho = \frac{W_{实灌}}{W_{毛灌}} \times 100\%$$ (4.3)

式中：ρ 为农田灌溉水有效利用系数；$W_{实灌}$ 为田间实际净灌溉用水总量；$W_{毛灌}$ 为毛灌溉用水总量。

（4）河湖管理保护范围划定完成率。河湖管理保护范围划定完成率指省、市级党政领导担任河湖长的河湖划定管理范围的情况，通过全面推行河湖长制总结评估工作专业统计获取。

（5）"清四乱"整改完成率。"清四乱"整改完成率是指已开展清理工作并完成清理任务的"四乱"数量占"清四乱"台账总数的比例。

计算方法："清四乱"整改完成率＝（已清理数量/台账总数）×100%。

（6）工业废水排污量降低率。工业废水排污量降低率是指当年工业废水排放量与上一年度工业废水排放总量相比降低的比率。

计算方法：工业废水排污量降低率＝〔（上一年度工业废水排放总量－当年工业废水排放量）/上一年度工业废水排放总量〕×100%。

（7）城市生活污水排污量降低率。城市生活污水排污量降低率是指当年城市生活污水排放量与上一年度城市生活污水排放总量相比降低的比率。

计算方法：城市生活污水排污量降低率＝〔（上一年度城市生活污水排放总量－当年城市生活污水排放量）/上一年度城市生活污水排放总量〕×100%。

（8）畜禽规模养殖场粪污处理设备配备率。根据《畜禽规模养殖场粪污资源化利用设施建设规范》（试行），畜禽规模养殖场应根据养殖污染防治要求，建设与养殖规模相配套的粪污资源化利用设施设备，并确保正常运行。

计算方法：畜禽规模养殖场粪污处理设备配备率＝配备了粪污资源化利用设施设备的畜禽规模养殖场数量/畜禽规模养殖场总量×100%。

（9）农药施用强度。农药施用强度指区域单位面积耕地每年实际用于农业生产的农药数量，按式（4.4）计算：

$$K_药 = \frac{Q_药}{M_耕} \times 100\% \tag{4.4}$$

式中：$K_药$ 为农药施用强度；$Q_药$ 为农药施用总量中有效成分重量；$M_耕$ 为耕地面积。

（10）化肥施用强度。化肥施用强度指区域单位面积耕地每年实际用于农业生产的折纯化肥数量，按式（4.5）计算：

$$K_肥 = \frac{Q_肥}{M_耕} \times 100\% \tag{4.5}$$

式中：$K_肥$ 为化肥施用强度；$Q_肥$ 为化肥使用总量中含氮、五氧化二磷、氧化钾总重量；$M_耕$ 为耕地面积。

（11）排污口达标排放率。排污口达标排放率指排污口经处理达标后排放污水量占排污口排放污水总量的比例。

计算方法：排污口达标排放率＝（排污口经处理达标后排放污水量/排污口排放污水总量）×100%。

（12）地表水水质优良比例。地表水水质优良比例指国控断面地表水水质达到或优于《地表水环境质量标准》（GB 3838）的Ⅲ类水质标准的河流长度占评价总河长的比例，按式（4.6）计算：

$$I = \frac{L_{Ⅰ-Ⅲ类}}{L_{评总}} \times 100\% \tag{4.6}$$

式中：I 为水质优良比例；$L_{Ⅰ-Ⅲ类}$ 为Ⅰ～Ⅲ类水质河流长度；$L_{评总}$ 为评价河流总长度。

（13）地表水水质劣Ⅴ类水体控制比例。地表水水质劣Ⅴ类水体控制比例指国控或省控断面地表水水质劣Ⅴ类水体断面占评价总断面的比例。根据江西省水污染防治目标责任书，江西省 2016—2020 年逐年地表水水质劣Ⅴ类水体断面比例目标均为 0。

计算方法：地表水水质劣Ⅴ类水体控制比例＝（国控或省控断面地表水

水质劣Ⅴ类水体断面数量/评价总断面总量)×100％。

（14）集中式饮用水水源水质达标率。集中式饮用水水源水质达标率指地级及以上城市集中式饮用水水源水质达到或优于Ⅲ类比例情况，按式（4.7）计算：

$$R_{饮} = \frac{T_{饮标}}{T_{饮总}} \times 100\% \tag{4.7}$$

式中：$R_{饮}$为集中式饮用水水源水质达标率；$T_{饮标}$为Ⅰ～Ⅲ类水质饮用水水源地个数；$T_{饮总}$为集中式饮用水水源地总数。

（15）黑臭水体消除比例。城市黑臭水体整治工作进展及整治成效通过"地级及以上城市建成区黑臭水体消除比例"来反映，即地级及以上城市完成整治的黑臭水体数目（或长度、面积）与黑臭水体总数目（或长度、面积）的比例。是否消除黑臭按照《城市黑臭水体整治工作指南》（建城〔2015〕130号）明确的整治效果评估要求进行判定。

计算方法：黑臭水体消除比例＝〔完成整治的黑臭水体数目（或长度、面积）/黑臭水体总数目（或长度、面积）〕×100％。

（16）水土流失率。水土流失率指区域水土流失面积占区域总面积的比例，按式（4.8）计算：

$$S_{比} = S_{流失}/S_{总} \times 100\% \tag{4.8}$$

式中：$S_{比}$为水土流失率；$S_{流失}$为区域水土流失面积；$S_{总}$为区域总面积。

水土保持率由2019年10月11日，水利部部长鄂竟平在江河流域水资源管理现场会上提出这一新的水土保持概念。不同区域水土保持率同常规的"水土流失总治理度""林草覆盖率"等密切相关，但又有别。本书中：水土保持率＝1－水土流失率，即$S_{保持率} = 1 - S_{比}$。

（17）省级信息填报完整率。按照《全面推行河湖长制总结评估技术大纲》（2019年）要求，完整填报河长制信息系统的县占某市总县数量的比例。

计算方法：省级信息填报完整率＝（符合要求完整填报河长制信息系统的县数量/某市总县数量）×100％。

（18）巡河问题整改率。反映河长履职成效情况，省、市、县级河长巡河（含督办）发现问题整改后不再出现同类问题的清单数量占各级河长巡河（含督办）发现问题总清单数量的比例。即省、市、县级河长巡河发现问题，经整改后没有出现同类问题，则视为该问题整改到位，否则该问题清单保留。

计算方法：巡河问题整改率＝〔巡河（含督办）发现问题整改后不再

出现同类问题的清单数量/各级河长巡河（含督办）发现问题总清单数量]×100%。

（19）公众满意度。公众满意度指公众对实施河长制以来河流状况感到满意的受访者比例，通过全面推行河湖长制总结评估工作专业统计抽样调查及现场抽样调查获取。

计算方法：公众满意度＝（公众感到满意的受访者数量/抽样调查的受访者总数）×100%。

4.1.3.2　乡、村级指标分析

与市、县级相同的指标分析见 4.1.3.1 节，与市、县级不同的指标分析如下：

（1）自来水普及率。自来水普及率指接受公共管网集中供水的人口占常住人口的比例，按式（4.9）计算：

$$R_{自}=\frac{P_{集供}}{P_{常}}\times100\% \tag{4.9}$$

式中：$R_{自}$ 为自来水普及率；$P_{集供}$ 为接受公共管网集中供水人口；$P_{常}$ 为常住人口。

（2）防洪排涝达标率。防洪排涝达标率由防洪堤达标率、排涝达标率2 项子指标分别评价赋分后，取其平均值作为该项指标评分。2 项子指标含义及计算方法如下：

1）防洪堤达标率指防洪堤防达到相关规划要求防洪标准的长度与现有及规划堤防总长度的比值，按式（4.10）计算：

$$R_{堤}=\frac{L_{堤标}}{L_{堤总}}\times100\% \tag{4.10}$$

式中：$R_{堤}$ 为防洪堤达标率；$L_{堤标}$ 为达标堤防长度；$L_{堤总}$ 为现有及规划堤防总长度。

无相关规划对防洪达标标准进行规定时参照《防洪标准》（GB 50201）确定。

2）排涝达标率指相关规划明确排涝任务与目标的区域中排涝达标面积与区域总面积的比值，按式（4.11）计算：

$$R_{涝}=\frac{M_{涝标}}{M_{涝总}}\times100\% \tag{4.11}$$

式中：$R_{涝}$ 为排涝达标率；$M_{涝标}$ 为排涝达标面积；$M_{涝总}$ 为明确排涝任务与目标的区域总面积。

无相关规划对排涝达标标准进行规定时参照《室外排水设计规范》（GB 50014）、《城市防洪工程设计规范》（GB/T 50805）确定。

（3）门塘水系整治率。

1）指标含义：门塘水系整治指对村庄内门塘或自然水系进行整治，并与周边水系连通，达到内外疏通，水净能洗衣，水清有鱼。

2）计算方法：门塘水系整治率＝（对村庄内门塘或自然水系进行整治的数量/门塘或自然水系总数）×100％。

（4）生活污水集中处理率。

1）指标含义：乡（镇）、村级生活污水集中处理率表征行政单元范围内生活污水排放有效控制程度，反映区域内生活污水处理水平，以年处理的污水量占污水排放总量的百分比表示。

2）计算方法：生活污水集中处理率＝（年处理的生活污水量/年生活污水排放总量）×100％。其中：年处理的生活污水量包括集中式处理污水量和分散式处理的污水量。

（5）生活垃圾有效处理率。

1）指标含义：乡（镇）、村级生活垃圾有效处理率表征区域范围内生活垃圾有效处理程度，反映区域生活垃圾处理水平，以年有效处理的生活垃圾量占年生活垃圾总量的百分比表示。

2）计算方法：生活垃圾有效处理率＝（年有效处理的生活垃圾量/年生活垃圾总量）×100％。

（6）卫生厕所普及率。根据《鄱阳湖生态环境综合整治三年行动计划（2018—2020年）》，全面实施城乡环境综合整治行动，大力改善城乡人居环境，推进城乡"厕所革命"，农村无害化卫生厕所普及率达到80％；《美丽乡村建设指南》（GB/T 32000—2015）中提出实施农村户用厕所改造，户用卫生厕所普及率≥80％，卫生符合《农村户厕卫生规范》（GB 19379）的要求。

1）指标含义：卫生厕所是指厕所有墙、有顶、储粪池不渗不漏、密闭有盖，清洁，无蛆蝇，基本无臭，粪便按规定清理，包括户厕、公厕。乡（镇）、村级卫生厕所普及率表征行政单元范围内卫生厕所的覆盖程度，反映区域内厕所改造水平，以年卫生厕所户数占总户数的百分比表示。

2）计算方法：卫生厕所普及率＝（累计卫生厕所户数/总户数）×100％。

（7）河长制公示牌内容合格率。

1）指标含义：反映河长公示牌设立情况，指内容规范，标明河湖长职责或任务、河湖概况、管护目标、河湖长姓名、河湖长职务、联系或监督电话等内容的公示牌数量占公示牌总数量的比例。

2）计算方法：河长制公示牌内容合格率＝（符合公示要求的公示牌数量/总的公示牌数量）×100％。

（8）巡河次数达标率。巡河次数达标率是指河（湖）长巡河（湖）次数达到制度或计划要求的比率。

计算方法：巡河次数达标率＝［河（湖）长巡河（湖）次数/计划要求］×100％。

4.1.4 指标标准划分

（1）指标计算方法及标准划分依据见表 4.8。

表 4.8　　　　　　　　　指标计算方法及标准划分依据表

序号	评价指标	指标计算方法	标准划分依据
1	水功能区水质达标率	$R_功=\dfrac{G_标}{G_总}\times100\%$	《水生态文明城市建设评价导则》（SL/Z 738—2016）
2	万元工业增加值用水量相对值	$W_{工相对}=\dfrac{W_工}{W_{工平均}}\times100\%$	《水生态文明城市建设评价导则》（SL/Z 738—2016）
3	农田灌溉水有效利用系数	$\rho=\dfrac{W_实灌}{W_毛灌}\times100\%$	《水生态文明城市建设评价导则》（SL/Z 738—2016）
4	河湖管理保护范围划定完成率	专业统计	《全面推行河湖长制总结评估技术大纲》（2019 年）
5	"清四乱"整改完成率	"清四乱"整改完成率＝（已清理数量/台账总数）×100％	《全面推行河湖长制总结评估技术大纲》（2019 年）
6	工业废水排污量降低率	工业废水排污量降低率＝［（上一年度工业废水排放总量－当年工业废水排放量）/上一年度工业废水排放总量］×100％	《江西省环境统计年报》
7	城市生活污水排污量降低率	城市生活污水排污量降低率＝［（上一年度城市生活污水排放总量－当年城市生活污水排放量）/上一年度城市生活污水排放总量］×100％	《江西省环境统计年报》
8	畜禽规模养殖场粪污处理设施装备配套率	畜禽规模养殖场粪污处理设施装备配备率＝（配备了粪污资源化利用设施设备的畜禽规模养殖场数量/畜禽规模养殖场总量）×100％	《鄱阳湖生态环境综合整治三年行动计划（2018—2020 年）》

续表

序号	评价指标	指标计算方法	标准划分依据
9	农药施用强度	$K_{药}=\dfrac{Q_{药}}{M_{耕}}\times100\%$	《小流域生态清洁评价分级标准研究》（2017年）
10	化肥施用强度	$K_{肥}=\dfrac{Q_{肥}}{M_{耕}}\times100\%$	《水生态文明城市建设评价导则》（SL/Z 738—2016）
11	排污口达标排放率	排污口达标排放率=（排污口经处理达标后排放污水量/排污口排放污水总量）×100%	《江西省水生态文明建设与评价关键技术及应用》（2017年）
12	地表水水质优良比例	$I=\dfrac{L_{\text{I-III类}}}{L_{评总}}\times100\%$	《全面推行河湖长制总结评估技术大纲》（2019年）
13	地表水水质劣V类水体控制比例	地表水水质劣V类水体控制比例=（国控或省控断面地表水水质劣V类水体断面数量/评价总断面总量）×100%	《全面推行河湖长制总结评估技术大纲》（2019年）
14	集中式饮用水水源水质达标率	$R_{饮}=\dfrac{T_{饮标}}{T_{饮总}}\times100\%$	《全面推行河湖长制总结评估技术大纲》（2019年）
15	黑臭水体消除比例	黑臭水体消除比例=[完成整治的黑臭水体数目（或长度、面积）/黑臭水体总数目（或长度、面积）]×100%	《全面推行河湖长制总结评估技术大纲》（2019年）
16	水土流失率	$S_{比}=\dfrac{S_{流失}}{S_{总}}\times100\%$ $S_{保持率}=1-S_{比}$	《南方红壤侵蚀区生态清洁小流域评价研究——以江西省为例》（2018年）
17	省级信息填报完整率	省级信息填报完整率=（符合要求完整填报河长制信息系统的县数量/某市总县数量）×100%	《全面推行河湖长制总结评估技术大纲》（2019年）
18	巡河问题整改率	巡河问题整改率=[巡河（含督办）发现问题整改后不再出现同类问题的清单数量/各级河长巡河（含督办）发现问题总清单数量]×100%	《全面推行河湖长制总结评估技术大纲》（2019年）

续表

序号	评价指标	指标计算方法	标准划分依据
19	公众满意度	公众满意度＝(公众感到满意的受访者数量/抽样调查的受访者总数)×100%	《全面推行河湖长制总结评估技术大纲》(2019 年)
20	自来水普及率	$R_自=\dfrac{P_{集供}}{P_常}×100\%$	《水生态文明城市建设评价导则》(SL/Z 738—2016)
21	防洪排涝达标率	$R_堤=\dfrac{L_{堤标}}{L_{堤总}}×100\%$ $R_涝=\dfrac{M_{涝标}}{M_{涝总}}×100\%$	《江西省水生态文明建设与评价关键技术及应用》(2017 年)
22	门塘水系整治率	门塘水系整治率＝(对村庄内门塘或自然水系进行整治的数量/门塘或自然水系总数)×100%	《江西省水生态文明村建设评价办法》(2017 年)
23	生活污水集中处理率	生活污水集中处理率＝(年处理的生活污水量/年生活污水排放总量)×100%	《美丽乡村建设指南》(GB/T 32000—2015)、《江西省水生态文明建设与评价关键技术及应用》
24	生活垃圾有效处理率	生活垃圾有效处理率＝(年有效处理的生活垃圾量/年生活垃圾总量)×100%	《美丽乡村建设指南》(GB/T 32000—2015)、《鄱阳湖生态环境综合整治三年行动计划(2018—2020 年)》
25	卫生厕所普及率	卫生厕所普及率＝(累计卫生厕所户数/总户数)×100%	《美丽乡村建设指南》(GB/T 32000—2015)、《鄱阳湖生态环境综合整治三年行动计划(2018—2020 年)》
26	河长制公示牌公示内容合格率	公示牌内容合格率＝(符合公示要求的公示牌数量/总的公示牌数量)×100%	《基于云模型的区域河长制考核评价模型》[7]
27	巡河次数达标率	巡河次数达标率＝[河(湖)长巡河(湖)次数/计划要求]×100%	《全面推行河湖长制总结评估技术大纲》(2019 年)

(2)评价标准。本书基于对河流治理与生态流域关系的理解并参考河长制评估相关研究成果,将河长制效能划分好、中(临界状态)、差 3 个级别,采用 3 级分值评分。各指标的评价标准根据相关行业、地区或国家标准以及与研究区域相关的研究来进行合理划分,见表 4.9 和表 4.10。

表 4.9   江西省市、县级河长制效能评价指标分级标准

序号	准则层	指标层	单位	好	中	差
				10～8 分	7～5 分	4～0 分
1	水资源保护	水功能区水质达标率	%	100～90	90～60	60～0
2		万元工业增加值用水量相对值	%	0～25	25～100	＞100
3		农田灌溉水有效利用系数		1～0.5	0.5～0.45	0.45～0
4	河湖水域岸线管理保护	河湖管理保护范围划定完成率	%	100	100～50	50～0
5		"清四乱"整改完成率	%	100～80	80～50	50～0
6	水污染防治	工业废水排污量降低率	%	100～10	10～0	＜0
7		城市生活污水排污量降低率	%	100～10	10～0	＜0
8		畜禽规模养殖场粪污处理设施装备配套率	%	100～95	95～60	60～0
9		农药施用强度	kg/ha	0～10	10～25	＞25
10		化肥施用强度	kg/ha	0～225	225～250	＞250
11		排污口达标排放率	%	100～90	90～80	80～0
12	水环境治理	地表水水质优良比例	%	100～83.6	83.6～79.5	79.5～0
13		地表水水质劣Ⅴ类水体控制比例	%	0	0	＞0
14		集中式饮用水水源水质达标率	%	有所提升	保持稳定	有所下降
15		黑臭水体消除比例	%	100～90	90～60	60～0
16	水生态修复	水土流失率	%	0～15	15～30	＞30
17	执法监管	省级信息填报完整率	%	100～90	90～60	60～0
18		巡河问题整改率（含督办问题整改率）	%	100～90	90～60	60～0
19	社会公众	公众满意度	%	100～80	80～60	60～0

注 相邻 2 级评分标准的分界值按分值较高的一级予以赋分，下同。

表 4.10   江西省乡、村级河长制效能评价指标分级标准

序号	准则层	指标层	单位	好	中	差
				10～8 分	7～5 分	4～0 分
1	水资源保护	自来水普及率	%	100～95	95～60	60～0
2		农田灌溉水有效利用系数		1～0.5	0.5～0.45	0.45～0
3		防洪排涝达标率	%	100～90	90～65	65～0

续表

序号	准则层	指标层	单位	好	中	差
				10～8 分	7～5 分	4～0 分
4	河湖水域岸线管理保护	门塘水系整治率	%	100	100～80	80～0
5	水污染防治	生活污水集中处理率	%	100～90	90～70	70～0
6		农药施用强度	kg/ha	0～10	10～25	＞25
7		化肥施用强度	kg/ha	0～225	225～250	＞250
8	水环境治理	集中式饮用水水源水质达标率	%	100	100～80	80～0
9	水生态修复	生活垃圾有效处理率	%	100～90	90～80	80～0
10		卫生厕所普及率	%	100～80	80～60	60～0
11	执法监管	河长制公示牌公示内容合格率	%	100～90	90～60	60～0
12		巡河次数达标率	%	100	100～80	80～0
13		巡河问题整改率（含督办问题整改率）	%	100～90	90～60	60～0
14	社会公众	公众满意度	%	100～80	80～60	60～0

4.2　评价方法

4.2.1　常用评价方法

按照权数产生方法的不同，多指标综合评价方法可分为主观赋权评价法和客观赋权评价法两大类。其中，主观赋权评价法采取定性方法，由专家根据经验进行主观判断而得到权数，然后再对指标进行综合评价，如层次分析法、综合评价法、模糊评价法、指数加权法和功效系数法等。客观赋权评价法则根据指标间的相关关系或各项指标的变异系数来确定权数进行综合评价，如熵权法、神经网络分析法、TOPSIS 评价法、灰色关联度分析法、主成分分析法、变异系数法、聚类分析法、判别分析法等。由前述分析可知，关于河长制实施以来的效果和效率等效能评价研究，尤其综合考虑河长制六大任务等方面效能的评价体系和方法研究很少。因此，本书从河湖健康、水质治理、生态修复等方面展开常用评价方法的应用分析，一是由于这些内容与河长制工作联系紧密，二是相关研究较为丰富，旨在为科学选取河长制效能评价方法提供依据。

4.2.1.1　河湖健康评价方法

河湖健康评估是河湖生态保护管理的重要基础性技术工作，是全面推行河湖长制建设的重要任务。目前，河湖健康评价方法总体可分为指示物种法和指标体系法。国外学者对河湖健康评价方法的研究大多集中在河流、湿地和农村溪流、饮用水水源地、河口地区等单一水体类型。其中，指标体系法主要依据水体的环境特征和服务功能构建指标体系，通过数学方法确定健康等级，从而对其健康状况作出评价，常用的数学方法包括层次分析法、综合健康指数法、灰色关联度法、物元分析法、模糊数学法等。国内的水生态系统健康研究起步较晚，但指标类型较国外体系更为丰富多样。指标体系法多采用综合健康指数评价法、模糊综合评价法、灰色关联度分析法，尚未形成统一标准和完整体系，说明我国学者在河湖健康评价过程中更关注评价方法的综合全面性，同时也反映出我国河湖的实际健康状况较为复杂。

国际上运用的河流健康评价模型主要有 2 种，即模糊综合评价法和综合健康指数评价法。近年来，我国学者分别对生态系统评价指标和理论方法进行了研究和分析，并取得了一定成果，形成了相应的理论方法。如，吴阿娜[8] 等从理化参数、生物指标、形态结构、水文特征、河岸带状况 5 个方面表征河流的健康状况；张晶等[9] 基于集水面积、区域特征、河源距离等空间因子提出了两级水生态区划判定方法并建立了一级分区评价指标体系；邓晓军等[10] 以漓江市区段河流为例在建立评价指标和标准的基础上采用模糊综合评价模型评价了该河流生态健康；封光寅等[11] 以汉江中下游为例对其流量影响因素和变异过程进行了详细分析，定量分析了该区域河流健康与流量过程变异之间的相互关系；彭文启[12] 构建了包括水文水资源、河湖物理形态、水质、水生生物及河湖社会服务功能 5 个方面的健康评估指标体系，提出了 5 个等级的河湖健康分级标准，形成了系统的河湖健康调查评价方法；贾海燕等[13] 从湖泊生态完整性和社会服务功能两方面出发，综合探讨水文水资源、物理结构、水质、水生生物、湿地生态系统和社会经济等因素，构建了长江中下游大型通江湖泊健康状况综合评价指标体系；樊婧妍等[14] 在 8 个单项指标评价的基础上，通过评估模型综合评估得出湖泊自然属性、社会服务功能以及综合健康状况的评价结果；孔令健等[15] 基于层次分析法构建了清流河健康评价体系，评价体系由目标层（河湖健康状况）、准则层和指标层 3 级组成；薛敏[16] 对流域生态系统健康评价与管理研究，采用"压力-状态-响应"模型作为评价体系，对流域进行生态系统健康评价，同时采用层次分析法确定指标权重，采用模糊综合评价法对研究区域进行评价，采用相对隶属公式确定评价矩阵，在减少主观性偏差上有了很大进步。

4.2.1.2 水质治理评价方法

传统的水质评价方法有单因子评价法、综合污染指数法、物元分析法、灰色系统评价法等[17]。随着评价方法的发展与丰富，评价方法也发生着改变。主要集中在两个方面，一方面认为水环境是一个复杂的系统，内部各因子间不孤立，水污染程度和水质等级之间存在一定模糊性。叶俊等[18]利用模糊综合评价法，将边界不清的因素定量化，通过最大隶属度原则确定水质类别[19-20]。徐建等在传统模糊综合评价法的基础上，对确定权重的方式或者水质分类标准进行改进，得出的评价结果相比传统方法更加精确[21-22]。杜军凯等[23]利用主成分分析方法对众多的水质指标进行降维，提取主要指标，然后利用传统的模糊综合评价法对水质进行判别，建立了模糊-主成分分析综合评价法的地下水水质耦合评价模型。另一方面，部分学者没有基于模糊数学理论，而是利用其他方法建立了水质评价模型。罗芳等[24]在传统单因子评价法的基础上，引入内梅罗污染指数，提出利用内梅罗污染指数法和单因子评价法。肖丹[25]在对洞庭湖区浅层水质的评价时，利用集对分析法进行了评价。

水质分类具有明确的等级，基于模糊数学的研究方法能够合理地对水质进行分类，但前人针对其的改进，一类集中在水质精准判别上，另一类集中在水中超标因子识别上，并没有对两者进行综合改进。而未基于模糊数学理论的方法对于静态水水质判别具有较好的效果，但对流动水水质判别不具有一般性。因此，李勇[26]对传统的模糊综合评价方法进行改进，采用6级隶属函数，利用不同原则计算熵权值得出评价结果，并引进级别特征值来反映超标因子的存在，能够在保证水质分类更加精确的基础上对超标因子进行精准判断。贾洁等[27]也认为采用传统试算法对河湖水质模型进行参数率定时，存在运算复杂、耗时多等问题，且对于不同水体水质模型需要重新试算，导致模型参数值率定结果出现偏差，进而影响建模和评估的有效性和适用性，因此提出一种基于非线性最小二乘法和改进模糊综合评价法的河湖水质精确评估方法；通过提取 WASP 模型中富营养化模块的水质指标演化机理，利用非线性连续微分方程构建河湖水质演化机理动力学模型，结合实际水质采集数据，采用非线性最小二乘法对模型参数进行优化率定，实现对河湖水质演化的精确建模；在所构建的水质演化机理动力学模型基础上，提出基于改进模糊综合评价法的水体污染评价方法，并进行了模型的有效性验证。李世明等[28] 针对河湖蓝藻水华状态评价过程中存在的非线性和不精确性问题，构建了基于人工神经网络的蓝藻水华状态评价模型，实现了固定站点监测和遥感监测信息的有效融合。

4.2.1.3　生态修复评价方法

国内外的生态环境质量评价方法都趋于多元化发展，在原有常用的图形叠置法、生态机理分析法、列表清单法、质量指标法、景观生态学方法等基础上，提出了新的环境质量综合评价方法，比如模糊数学法、系统工程法、灰色综合评价法、智能化评价法。在北美和欧洲一些国家的河流、湖泊生态系统健康评价中，Bertoll[29] 对采用"驱动力-压力-状态-暴露-影响-响应"（DPSEEA）模型建立指标体系的方法进行了研究；彭修强[30]以青岛市为例，选取了生物多样性、旅游资源丰富度等 27 个因子，构建区域旅游生态环境的评价体系，运用模糊数学和层次分析相结合的方法对各指标进行权重计算，最终建立生态因数模型来进行生态评价。功效系数法通常被用于对企业效绩、企业竞争力和投资风险等进行评价。刘保平[31]运用功效系数法，将生态环境影响评价体系中，从自然、社会、旅游和生态因素 4 个方面选取了 21 个指标，建立了评价指标体系，运用层次分析法确定指标的权重。由于所评价的系统较为复杂，故在用层次分析法（Analytic Hierarchy Process，AHP）确定指标权重的基础上，选取功效系数法对其进行综合评价。各项指标的权数通过功效函数，转化为可以度量的评价分数。

国内外关于环境绩效的研究成果也非常丰富，国外文献侧重于研究从微观企业层面分析环境绩效，国内学者注重对某一地区的环境绩效进行评价。冯雨等[32] 从环境健康、生态保护、资源利用、环境治理 4 个层面设置了 21 个指标，构建了长江经济带 11 个省（直辖市）环境绩效评估的指标体系，利用主成分分析法，通过提取特征根大于 1 的 7 个主成分因子，评价了长江经济带环境绩效现状。现今，我国城市河湖的环境治理技术与生态修复工程发展迅速，应用范围逐步增大。现有的水生态修复评价体系多局限于生态修复效果评价，尤以水质指标为主，缺少对修复工程技术管理及所涉及的社会效益和经济投入的综合评价，其常用的评价方法包括综合评价法、模糊综合评价法、层次分析法和模型评价法等。鉴于此，张瑞等[33] 构建了包含环境效益、技术管理与维护及社会经济功能 3 个系统、7个准则和 19 个指标的再生水补给型城市河湖水生态修复技术评价指标体系，采用群组决策的层次分析法确定各指标的权重。有关生态系统恢复，比如高速路路域生态系统，主要研究内容包括路域生态影响和生态恢复的评价，一般通过指标体系的构建等方法开展评价研究，例如层次分析法是近年来在应用较为广泛的定量与定性结合的评价方法，已经在相关评价研究中采用，具有一定的系统性和科学性，但是存在评价对象多、针对较为单一的现象，例如边坡防护、绿化植被生长等，综合环境与生物因素的区域性评价研究仍较少。与此同时，现有评价方法评价的变量个数一般较多，这无疑增加了计算量并增加了分析问题的复杂性，以致可能无法确定影响评价结果的主要和关键因子。因此，王侗等[34] 采用系统评分与主成分分析结合的评价方法，使用主成分分析法化繁为简，采用 SPSS 软件从选定的评价指标中通过数据分析确定影响的关键综合性指标。

4.2.2　评价模型构建

4.2.2.1　河长制效能评价方法初选

将上述常用评价方法进行汇总分析，见表 4.11。根据河长制工作特点以及实际工作能够收集整理的评价指标及赋值，初步拟使用熵权－TOPSIS 综合评价和模糊综合评价两种评价方法进行测算比较和分析，以期获得最接近真实性的河长制效能评价方法。

4.2.2.2　熵权－TOPSIS 综合评价法

（1）熵权法确定各指标权重。熵权法是一种客观赋权方法，根据各项指标原始数据的离散程度，利用信息熵来确定指标权重。在综合评价中，熵权法确定的指标体系权重可以客观真实地反映原始数据中的隐含信息，有效避免了人为因素造成的偏差，由此获得的指标权重值比主观赋权法具有更高的可信度和精确度。因此本书采用熵权法确定河长制效能评价指标权重，其主要计算步骤如下。

1）原始数据标准化。设确定河长制效能评价的原始评价指标矩阵为

$$V = \begin{bmatrix} v_{11} & v_{12} & \cdots & v_{1n} \\ \vdots & \vdots & \vdots & \vdots \\ v_{m1} & v_{m2} & \cdots & v_{mn} \end{bmatrix}$$

根据指标对评价结果的作用方向进行标准化处理。

对于正趋向指标：
$$S_{ij} = \frac{X_{ij} - \min X_{ij}}{\max X_{ij} - \min X_{ij}} \tag{4.12}$$

表 4.11　常用多指标评价方法使用特点

多指标评价方法	适用情况	基本原理	优点	缺点
层次分析法（AHP法）	一种定性、定量相结合，系统化、层次化的分析方法。将决策者的经验给予量化，特别适于目标结构复杂且缺乏数据的情况	一个复杂问题中各指标通过划分相互间的关系分解为若干个有序层次。结构模型一般包括目标层、准则层和方案层。重要性以定量的形式加以反映，两两比较判断相对重要性权数，最后通过在递阶层次结构内各层各指标相对重要性权数的组合，得到全部指标相对于目标的重要程度权数	定性和定量分析有机结合起来，有主观的逻辑判断和分析，有各观计算和推演，分析层次化系统化	随机性；专家认识的主观与模糊性；同一评价对象不同时间和环境下判断不一致
模糊综合评价法	以模糊数学为基础，将一些边界不清、不易定量的因素定量化来进行综合评价	有指标集，评价集（对X的等级层），再分别确定各个因素及它们的权重向量，模糊评判矩阵，最后把模糊评判矩阵与因素的权重集进行模糊运算并进行归一化，得到模糊评价综合结果	隶属函数和模糊统计方法为定性指标定量化提供了有效的方法；解决了判断的模糊性和不确定性问题；所得结果为一向量，包含的信息量丰富	不能解决评价指标间相关造成的评价信息重复问题；各因素权重的确定带有一定的主观性；隶属函数的确定有一定困难
TOPSIS评价法	适用于少样本资料，也适用于多样本的大系统；评价对象既可以是时间上的，也可以是空间上的	通近于理想解的思路，在基于归一化后的原始矩阵中，找出有限方案中的最优方案和最劣方案（向量），然后分别计算各评价对象与最优方案与最劣方案的相对接近程度，作为评价优劣	其应用范围广，原始数据利用充分，信息损失较少	权重主观随意性；不能解决评价指标间相关；条件唯一不可变
综合健康指数评价法	以正负均值为基准，求每项指标的折算指数，再汇总各项指标的综合指数，综合指数越大，综合效越好	用各项指标的实际值分别除以各项指标的评价标准值得出各项指标的评价指数，对各项指标的评价指数进行加权算均，得出综合评价值	方法比较简单，经济含义清晰，信息损失少，容易理解	最好用同向指标，如果有不同向的指标，一般要做好同向化处理

续表

多指标评价方法	适用情况	基本原理	优点	缺点
灰色关联度分析法	针对少数据且不明确的情况下，利用既有数据潜在的信息来进行白化处理，进而预测或决策的方法	灰色关联度分析法认为若干个统计数列所构成的各条曲线几何形状越接近，即各条曲线越平行，则它们的变化趋势越接近，关联度就越大，可利用各方案的大小对评价对象进行比较、排序。该方法首先是求各个方案与理想方案得到的关联系数矩阵，由关联系数矩阵降维得到关联度，将关联度按大小顺序排列而得出结论	计算简单，不用归一化处理，原始数据可直接利用；无需大量样本，不需要经典的分布规律，代表性的少量样本即可	影响关联度因素多，如参考序列、比较序列、规范化方式，常用关联系数，取值为正相关物有正/负相关，而且在负相关关系时的同序列曲线形状模型则会径庭，仍采用的同序曲线形状来确定很狭隘。单纯从比较曲线形状的角度来确定关联程度是不合适的，相互联系之间的关联程度是不变的，可以交叉甚至相反方向，不能重复情况；不能解决指标间相关造成的评价信息重复问题；默认的权重为等权，对实际情况不利
主成分分析法	利用降维的思想，把多指标转化为几个综合指标的多元统计分析方法	把给定的一组相关变量通过线性变换转为另一组不相关的变量，这些新的变量按照方差依次递减的顺序排列。在数学变换中保持变量的总方差不变，使第一变量有最大的方差，称为第一主成分，有最大的方差的第二变量，称为第二主成分	用较少的指标来代替原来较多的指标，并使这些较少的指标尽可能地反映原来指标的信息，解决了指标间的信息重叠问题；各综合因子的权重不是人为确定的，而是根据各指标的贡献率大小确定，克服主观性	计算频繁，样本量要求较大，影响评价结果；假设指标间的关系为线性关系，若实际中非线性关系，则可能导致评价结果偏差；结果没有明确反映指标强弱关系

续表

多指标评价方法	适用情况	基本原理	优点	缺点
动态综合评价法	适用于随时间变化指标和参数变化较大的多指标系统	应用线性规划方法,从时序数据表挖掘信息,计算权重,使得从整体上最大限度地突出系统在不同时刻运行状况间的差异	具有时序特征,权重客观性;不具有可继承性,能反映被评价对象随时间的动态发展情况	权重为非固定值,随评价对象的指标特征变化,不适于静态评价
神经网络分析法		神经网络模型由输入层,输出层,隐含层三层神经元组成,输入层接受信息,各层单元进行自动学习而得;学习是神经网络研究的一个重要内容,它的适应性是通过学习来实现的。根据环境的变化,对权值进行调整来改善系统的行为	自主学习功能,对于预测有特别重要的意义;反馈、联想储存功能;解决优化解的能力强大,可以设计成为针对某问题的反馈型人工神经网络	不宜用来求得到正确答案的同时;不宜用来求解用数字计算通用性解得很好的问题;体系通用性待定
熵权法-灰色关联度法	通过指标间指标值差异大小确定熵值,再对各指标赋权,并将其应用于灰色局势决策,使决策结果更具可信度	根据各指标的联系程度或各指标所提供的信息量来决定各指标的权重;对于某项指标 x_i,对指标标值 x_{ij} 的差距越大,则该指标在综合评价中的作用越大;如果某项指标值全部相同,指标在综合评价中不起作用;该指标值变异程度越大,该指标提供的信息量越大,权重也应越大,反之亦然	应用熵权法给各指标赋权是一种完全意义上的客观赋权法,精确度高、客观性强,采用Excel就可以完成计算	两方法合并的数学理论基础联系程度未知

对于负趋向指标： $S_{ij} = \dfrac{\max X_{ij} - X_{ij}}{\max X_{ij} - \min X_{ij}}$ 　　　　(4.13)

对于中性指标： $S_{ij} = 1 - \left| \dfrac{X_{ij} - Z_{ij}}{\max X_{ij} - \min X_{ij}} \right|$ 　　(4.14)

式中： S_{ij} 为第 i 个对象第 j 项指标的标准化值； X_{ij} 为指标值； Z_{ij} 为指标最优值； $\max X_{ij}$ 、 $\min X_{ij}$ 分别为指标的最大值和最小值，且 $0 \leqslant S_{ij} \leqslant 1$ 。

2）计算各指标的信息熵值：

$$e_j = -\frac{1}{\ln M} \sum_{i=1}^{n} p_{ij} \ln p_{ij} \qquad (4.15)$$

式中： $e_j(e_j > 0)$ 为各个主成分第 j 项指标的信息熵值； M 为评价样本数量； $p_{ij} = \dfrac{S_{ij}}{\sum\limits_{i=1}^{n} S_{ij}}$ 。为保证有意义，当 $p_{ij} = 0$ 时， $p_{ij} \ln p_{ij} = 0$ ， $i = 1,2,3 \cdots m$ ， $j = 1,2,3 \cdots n$ 。

3）计算各评价指标的信息效用值和权重：

$$W_{ij} = \frac{d_j}{\sum\limits_{i=1}^{m} d_j} \qquad (4.16)$$

式中： d_j 为第 j 项指标的信息效用值， $d_j = 1 - e_j$ ； W_{ij} 为第 j 项指标的权重。

（2）TOPSIS 模型综合评价。TOPSIS 模型即为"逼近理想解排序方法"，它是系统工程中常用的决策技术，要用来解决多属性或多标准决策问题，一种运用距离作为评价标准的综合评价法，即通过定义目标空间中的某一测度，相应地计算目标靠近/偏离正、负理想解的程度，以此来评估区域承载力，可以全面客观地反映区域承载力的动态及变化趋势。主要计算步骤如下。

1）原始数据标准化。设区域资源环境承载力问题的原始评价指标矩阵为

$$V = \begin{bmatrix} v_{11} & v_{12} & \cdots & v_{1n} \\ \vdots & \vdots & \vdots & \vdots \\ v_{m1} & v_{m2} & \cdots & v_{mn} \end{bmatrix}$$

要得到标准化评价矩阵，以采用归一化方法对原始数据进行处理。故得到标准化矩阵：

$$R = \begin{bmatrix} r_{11} & r_{12} & \cdots & r_{1n} \\ \vdots & \vdots & \vdots & \vdots \\ r_{m1} & r_{m2} & \cdots & r_{mn} \end{bmatrix}$$

2）基于熵权的判断矩阵构建。借助加权思想，使评价矩阵客观性进一步提高，根据运用熵权法确定的指标权重 W_{ij} 与归一化后矩阵相乘，构建规范化加权判断矩阵。

$$Y = \begin{bmatrix} y_{11} & y_{12} & \cdots & y_{1n} \\ \vdots & \vdots & \vdots & \vdots \\ y_{m1} & y_{m2} & \cdots & y_{mn} \end{bmatrix} = \begin{bmatrix} r_{11} \cdot w_1 & r_{12} \cdot w_1 & \cdots & r_{1n} \cdot w_1 \\ \vdots & \vdots & \vdots & \vdots \\ r_{m1} \cdot w_m & r_{m2} \cdot w_m & \cdots & r_{mn} \cdot w_m \end{bmatrix}$$

3）正负理想解的确定。根据加权判断矩阵确定正负理想解，计算公式如下：

正理想解：$Y^+ = \{\max_{1 \leqslant i \leqslant m} y_{ij} \mid i = 1, 2 \cdots m\} = \{y_1^+, y_2^+ \cdots y_m^+\}$

负理想解：$Y^- = \{\min_{1 \leqslant i \leqslant m} y_{ij} \mid i = 1, 2 \cdots m\} = \{y_1^-, y_2^- \cdots y_m^-\}$

如果指标为效益型指标，则

$$Y_i^+ = \max\{y_{ij} = 1, 2 \cdots m\}$$

$$Y_i^- = \min\{y_{ij} = 1, 2 \cdots m\}$$

如果指标为指标型指标，则

$$Y_i^+ = \min\{y_{ij} = 1, 2 \cdots m\}$$

$$Y_i^- = \max\{y_{ij} = 1, 2 \cdots m\}$$

4）距离计算。距离计算的方法较多，采用欧氏距离计算公式。令 D_i^+ 为第 i 个指标 y_i^+ 的距离，D_j^- 为第 i 个指标 y_i^- 的距离，计算方法为

$$D_j^+ = \sqrt{\sum_{i=1}^{m} (y_i^+ - y_{ij})^2} \tag{4.17}$$

$$D_j^- = \sqrt{\sum_{i=1}^{m} (y_i^- - y_{ij})^2} \tag{4.18}$$

式中：y_{ij} 为第 i 个指标第 j 年加权后的规范化值；y_i^+、y_i^- 分别为第 i 个指标在 n 年取值中最偏好方案值和最不偏好方案值。

5）确定河长制效能评价贴近度。贴近度是指评价对象接近最优理想解的程度，以 T_i 表示。本书河长制效能综合评价指数表示河长制实施成效的高低，计算公式如下：

$$T_j = \frac{D_j^-}{D_j^+ + D_j^-} \tag{4.19}$$

式中：T_j 代表确定河长制效能的高低，取值范围为 [0, 1]。其值越大，

表明河长制实施效果越好。

4.2.2.3　模糊综合评价法

模糊综合评价法是一种基于模糊数学的综合评判方法。该综合评价法根据模糊数学的隶属度理论将定性评判转化为定量评判，即用模糊数学对受到多种因素制约的事物或对象做出一个总体的评判。国内对模糊综合评价法的研究起步相对较晚，但在近些年各个领域（如医学、建筑业、环境质量监督、水利等）的应用也已初显成效。

模糊综合评判法的主要步骤如下：

（1）指标隶属度评价矩阵的构造。构造评价矩阵的关键是确定各个指标的隶属度，可将其进行模糊化处理。因将河长制实施效能划分为好、较好、差三个等级，故分为三个区间 V_1、V_2、V_3。原则上对于 V_2 中间的区间，令指标值落在区间中点隶属度最大，由中点向两侧按线性递减处理；对于 V_1、V_3 两个区间，则令距离临界值越远，属两侧区间的隶属度越大，构造的隶属度函数见式（4.20）～式（4.22）。同时针对不同的生态清洁等级进行赋分，构造等级评分向量 C，即：好为 1，较好为 0.67，差为 0.33。

$$r_{i1}(u_i)=\begin{cases} 0.5\left(1+\dfrac{u_i-k_1}{u_i-k_2}\right) & u_i>k_1 \\[2mm] 0.5\left(1+\dfrac{k_1-u_i}{k_1-k_2}\right) & k_2<u_i\leqslant k_1 \\[2mm] 0 & u_i\leqslant k_2 \end{cases} \tag{4.20}$$

$$r_{i2}(u_i)=\begin{cases} 0.5\left(1-\dfrac{u_i-k_1}{u_i-k_2}\right) & u_i>k_1 \\[2mm] 0.5\left(1+\dfrac{k_1-u_i}{k_1-k_2}\right) & k_2<u_i\leqslant k_1 \\[2mm] 0.5\left(1+\dfrac{u_i-k_3}{k_2-k_3}\right) & k_3<u_i\leqslant k_2 \\[2mm] 0.5\left(1-\dfrac{k_3-u_i}{k_2-u_i}\right) & u_i\leqslant k_3 \end{cases} \tag{4.21}$$

$$r_{i3}(u_i)=\begin{cases} 0 & u_i>k_2 \\[2mm] 0.5\left(1-\dfrac{u_i-k_3}{k_2-k_3}\right) & k_3<u_i\leqslant k_2 \\[2mm] 0.5\left(1+\dfrac{k_3-u_i}{k_2-k_2}\right) & u_i\leqslant k_3 \end{cases} \tag{4.22}$$

式中：k_1 为等级 V_1、V_2 的临界值；k_2 为等级 V_2 区间的中点值；k_3 为等级 V_2、V_3 的临界值。越大越优型的正向指标，隶属度可直接采取以上公式计算；越小越优型的负向指标，隶属度计算需要将条件中的"<"和">"、"≤"和"≥"分别互换。

（2）综合评价。考虑到各个因素对评价的结果都有其影响性，为了让每个评价因子都对评价结果有影响，矩阵模糊复合运算中采用加权求和模型：$\boldsymbol{B} = \boldsymbol{AR}$，即 $b_j = \sum_{i=1}^{n}(a_i r_{ij})(j = 1, 2 \cdots m)$。

然后，可以得出最终的河长制效能指数 W，$W = \boldsymbol{B} * \boldsymbol{C}^{\mathrm{T}}$。

4.2.3　效能评价指标权重

本书在参考大量相关文献和经过多名有关专家学者打分评价的基础上，通过层次分析法（AHP 法）和特尔菲法计算出各指标的权重。

层次分析法的基本内容是：首先根据问题的性质和要求提出一个总的目标。然后建立层次结构模型，将问题分成若干层次，对于同一层次内的各种因素通过两两比较的方法确定出相对于上一层次目标的各自的权系数。这样一层一层分析下去，直到最后一层，就可以得出所有因素相对于总目标而言的按重要性程度的一个排列。本研究采用传统的层次分析法，1~9 标度，依次代表指标两两比较的同样重要、稍微重要、比较重要、十分重要、绝对重要等。采用的河长制效能评价指标体系如 4.1 节所述，见表 4.6 和表 4.7。将指标体系分为目标层、准则层和指标层，市县级共 19 个指标，乡村级共 14 个指标。

根据层次分析要求，分别得出 B 层指标相对 A 层的重要性和 C 层指标相对于 B 层指标的重要性，计算出 C 层指标相对于 A 层指标的相对重要性，并最终得到河长制效能评价各指标的权重结果，见表 4.12~表 4.17。

结论如下：

（1）从准则层来看，山丘区水资源保护、水环境治理这两个准则层权重较大，滨湖平原区水资源保护、河湖水域岸线管理保护、水污染防治、水环境治理这 4 个准则层权重较大。

（2）从指标层来看，市、县级评价指标中水功能区水质达标率、万元工业增加值用水量相对值、黑臭水体消除比例、水土流失率这 4 个指标权重都相对较大，乡、村级评价指标中农田灌溉水有效利用系数、防洪排涝达标率、门塘水系整治率、生活垃圾有效处理率这 4 个指标权重都相对较大。

表 4.12　　　　　　　　　山丘区市、县级河长制效能评价指标权重

序号	目标层 A	准则层 B	B 层权重	指标层 C	C 层指标相对于 B 层权重（一级权重）	C 层指标相对于 A 层权重（二级权重）
1	河长制效能	水资源保护	0.2514	水功能区水质达标率	0.4	0.1006
2				万元工业增加值用水量相对值	0.4	0.1006
3				农田灌溉水有效利用系数	0.2	0.0502
4		河湖水域岸线管理保护	0.084	河湖管理保护范围划定完成率	0.5	0.042
5				"清四乱"整改完成率	0.5	0.042
6		水污染防治	0.146	工业废水排污量降低率	0.2598	0.0379
7				城市生活污水排污量降低率	0.2598	0.0379
8				畜禽规模养殖场粪污处理设施装备配套率	0.0607	0.0089
9				农药施用强度	0.0992	0.0145
10				化肥施用强度	0.0607	0.0089
11				排污口达标排放率	0.2598	0.0379
12		水环境治理	0.2514	地表水水质优良比例	0.1222	0.0307
13				地表水水质劣Ⅴ类水体控制比例	0.2274	0.0572
14				集中式饮用水水源水质达标率	0.2274	0.0572
15				黑臭水体消除比例	0.4230	0.1063
16		水生态修复	0.146	水土流失率	1	0.146
17		执法监管	0.084	省级信息填报完整率	0.25	0.021
18				巡河问题整改率（含督办问题整改率）	0.75	0.063
19		社会公众	0.0372	公众满意度	1	0.0372

表 4.13　　　　　　　　山丘区乡、村级河长制效能评价指标权重

序号	目标层 A	准则层 B	B 层权重	指标层 C	C 层指标相对于 B 层权重（一级权重）	C 层指标相对于 A 层权重（二级权重）
1	河长制效能	水资源保护	0.2514	自来水普及率	0.2	0.0502
2				农田灌溉水有效利用系数	0.4	0.1006
3				防洪排涝达标率	0.4	0.1006
4		河湖水域岸线管理保护	0.084	门塘水系整治率	1	0.084

续表

序号	目标层 A	准则层 B	B 层权重	指标层 C	C 层指标相对于 B 层权重（一级权重）	C 层指标相对于 A 层权重（二级权重）
5	河长制效能	水污染防治	0.146	生活污水集中处理率	0.3334	0.0487
6				农药施用强度	0.3333	0.0487
7				化肥施用强度	0.3333	0.0486
8		水环境治理	0.2514	集中式饮用水水源水质达标率	1	0.2514
9		水生态修复	0.146	生活垃圾有效处理率	0.75	0.1095
10				卫生厕所普及率	0.25	0.0365
11		执法监管	0.084	河长制公示牌公示内容合格率	0.1634	0.0137
12				巡河次数达标率	0.297	0.0249
13				巡河问题整改率（含督办问题整改率）	0.5396	0.0454
14		社会公众	0.0372	公众满意度	1	0.0372

表 4.14   滨湖或平原区市、县级河长制效能评价指标权重

序号	目标层 A	准则层 B	B 层权重	指标层 C	C 层指标相对于 B 层权重（一级权重）	C 层指标相对于 A 层权重（二级权重）
1	河长制效能	水资源保护	0.187	水功能区水质达标率	0.4	0.0748
2				万元工业增加值用水量相对值	0.4	0.0748
3				农田灌溉水有效利用系数	0.2	0.0374
4		河湖水域岸线管理保护	0.187	河湖管理保护范围划定完成率	0.5	0.0935
5				"清四乱"整改完成率	0.5	0.0935
6		水污染防治	0.187	工业废水排污量降低率	0.2598	0.0486
7				城市生活污水排污量降低率	0.2598	0.0486
8				畜禽规模养殖场粪污处理设施装备配套率	0.0607	0.0113
9				农药施用强度	0.0992	0.0185
10				化肥施用强度	0.0607	0.0113
11				排污口达标排放率	0.2598	0.0486
12		水环境治理	0.187	地表水水质优良比例	0.1222	0.0228
13				地表水水质劣 Ⅴ 类水体控制比例	0.2274	0.0425

序号	目标层 A	准则层 B	B 层权重	指标层 C	C 层指标相对于 B 层权重（一级权重）	C 层指标相对于 A 层权重（二级权重）
14	河长制效能	水环境治理	0.187	集中式饮用水水源水质达标率	0.2274	0.0425
15				黑臭水体消除比例	0.4230	0.0791
16		水生态修复	0.0973	水土流失率	1	0.0973
17		执法监管	0.0973	省级信息填报完整率	0.25	0.0243
18				巡河问题整改率（含督办问题整改率）	0.75	0.073
19		社会公众	0.0574	公众满意度	1	0.0574

表 4.15　　　　　　　滨湖或平原区乡、村级河长制效能评价指标权重

序号	目标层 A	准则层 B	B 层权重	指标层 C	C 层指标相对于 B 层权重（一级权重）	C 层指标相对于 A 层权重（二级权重）
1	河长制效能	水资源保护	0.187	自来水普及率	0.2	0.0374
2				农田灌溉水有效利用系数	0.4	0.0748
3				防洪排涝达标率	0.4	0.0748
4		河湖水域岸线管理保护	0.187	门塘水系整治率	1	0.187
5		水污染防治	0.187	生活污水集中处理率	0.3334	0.0624
6				农药施用强度	0.3333	0.0623
7				化肥施用强度	0.3333	0.0623
8		水环境治理	0.187	集中式饮用水水源水质达标率	1	0.187
9		水生态修复	0.0973	生活垃圾有效处理率	0.75	0.073
10				卫生厕所普及率	0.25	0.0243
11		执法监管	0.0973	河长制公示牌公示内容合格率	0.1634	0.0159
12				巡河次数达标率	0.297	0.0289
13				巡河问题整改率（含督办问题整改率）	0.5396	0.0525
14		社会公众	0.0574	公众满意度	1	0.0574

（3）在山丘区，无论市、县级还是乡、村级评价指标中农田灌溉水有效利用系数、巡河问题整改率这 2 个指标权重都相对较大。

（4）在滨湖或平原区无论市、县级还是乡、村级评价指标中巡河问题整改率、公众满意度这 2 个指标权重相对较大。

由于市、县级部分指标在 2018 年以前没有具体的要求和统计口径，通过典型县调研及收集资料，对于 2015—2017 年各地河长制效能评价市、县级指标层进行调整，同样采用层次分析-专家打分法，得到 2015—2017 年各地河长制效能评价市、县级指标层权重结果，见表 4.16 和表 4.17。

表 4.16　　　　山丘区市、县级河长制效能评价指标权重（13 指标）

序号	准则层 B	B 层权重	指标层 C	C 层指标相对于 B 层权重（一级权重）	C 层指标相对于 A 层权重（二级权重）
1	水资源保护	0.4	水功能区水质达标率	0.4	0.16
2			万元工业增加值用水量相对值	0.4	0.16
3			农田灌溉水有效利用系数	0.2	0.08
4	水污染防治	0.2	工业废水排污量降低率	0.2598	0.052
5			城市生活污水排污量降低率	0.2598	0.052
6			畜禽规模养殖场粪污处理设施装备配套率	0.0607	0.0121
7			农药施用强度	0.0992	0.0198
8			化肥施用强度	0.0607	0.0121
9			排污口达标排放率	0.2598	0.052
10	水环境治理	0.4	地表水水质优良比例	0.1221	0.0489
11			地表水水质劣 V 类水体控制比例	0.2274	0.0909
12			集中式饮用水水源质达标率	0.2274	0.0909
13			黑臭水体消除比例	0.4231	0.1693

表 4.17　　　滨湖或平原区市、县级河长制效能评价指标权重（13 指标）

序号	准则层 B	B 层权重	指标层 C	C 层指标相对于 B 层权重（一级权重）	C 层指标相对于 A 层权重（二级权重）
1	水资源保护	0.3333	水功能区水质达标率	0.4	0.1333
2			万元工业增加值用水量相对值	0.4	0.1333
3			农田灌溉水有效利用系数	0.2	0.0667

续表

序号	准则层 B	B 层权重	指标层 C	C 层指标相对于 B 层权重（一级权重）	C 层指标相对于 A 层权重（二级权重）
4	水污染防治	0.3333	工业废水排污量降低率	0.2598	0.0866
5			城市生活污水排污量降低率	0.2598	0.0866
6			畜禽规模养殖场粪污处理设施装备配套率	0.0607	0.0202
7			农药施用强度	0.0992	0.0331
8			化肥施用强度	0.0607	0.0202
9			排污口达标排放率	0.2598	0.0866
10	水环境治理	0.3334	地表水水质优良比例	0.1221	0.0408
11			地表水水质劣 V 类水体控制比例	0.2274	0.0758
12			集中式饮用水水源水质达标率	0.2274	0.0758
13			黑臭水体消除比例	0.4231	0.141

4.3　江西省河长制效能评价案例

4.3.1　效能评价方法优选

根据前文确定的评价体系，项目组成员通过实地走访、问卷调查、文献分析等方法获取了江西省 11 个设区市、2 个典型县和 3 个典型乡（镇）2015—2018 年各指标数据。

根据评价方法比选，初步选定基于熵权-TOPSIS 综合评价法和模糊综合评价作为江西省河长制效能的评价方法，再根据评价结果进行优选确定最终评价方法。

4.3.1.1　熵权-TOPSIS 综合评价结果（13 指标）

根据前文的熵权法计算过程确定各指标权重并运用 TOPSIS 模型进行综合评价，可以计算得到 2015—2018 年江西省 11 个设区市河长制效能评价的综合得分，以及在这期间各设区市河长制推行成效的增幅水平，具体见表 4.18 和图 4.1。

表 4.18   2015—2018 年江西省各设区市河长制效能评价得分及增幅

（熵权-TOPSIS 综合评价）

类型	设区市	2015 年	2016 年	2017 年	2018 年	2018 年较 2015 年增幅/%	四年平均增幅/%
山区型	赣州市	0.0689	0.0619	0.0695	0.0951	38.02	12.97
	景德镇市	0.1404	0.1363	0.1080	0.0719	−48.79	−19.03
	新余市	0.1040	0.0965	0.0806	0.0791	−23.94	−8.54
	鹰潭市	0.1264	0.1385	0.1242	0.1008	−20.25	−6.53
	吉安市	0.0882	0.1000	0.0787	0.0926	5.00	3.25
	宜春市	0.0777	0.0998	0.1201	0.0886	14.03	7.49
	萍乡市	0.0779	0.0543	0.0970	0.1021	31.07	17.82
	抚州市	0.0670	0.0550	0.0698	0.1456	117.31	39.25
滨湖型	南昌市	0.0986	0.1012	0.1068	0.0830	−15.82	−4.72
	九江市	0.0588	0.0696	0.0509	0.0477	−18.88	−4.88
	上饶市	0.0922	0.0870	0.0945	0.0936	1.52	0.69

4.3.1.2   模糊综合评价结果（13 指标）

根据模糊综合评价方法，可以计算得到 2015—2018 年江西省 11 个设

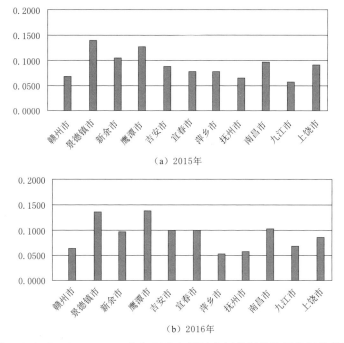

（a）2015年

（b）2016年

图 4.1（一）   2015—2018 年江西省各设区市河长制效能评价得分情况

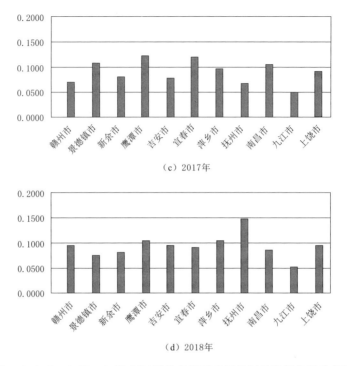

（c）2017年

（d）2018年

图 4.1（二） 2015—2018 年江西省各设区市河长制效能评价得分情况

区市河长制效能评价的综合得分，以及在这期间各设区市河长制推行成效的增幅水平，具体见表 4.19。

表 4.19　2015—2018 年江西省各设区市河长制效能评价得分及增速（模糊综合评价）

类型	设区市	2015 年	2016 年	2017 年	2018 年	2018 年较 2015 年增幅/%	四年平均增幅/%
山区型	赣州市	0.7922	0.8435	0.8575	0.8477	7.01	2.33
	景德镇市	0.7961	0.8179	0.7910	0.8676	8.98	3.04
	新余市	0.7179	0.7962	0.7842	0.7670	6.84	2.41
	鹰潭市	0.7736	0.8248	0.7967	0.8410	8.71	2.93
	吉安市	0.7722	0.8197	0.8050	0.8444	9.35	3.09
	宜春市	0.7473	0.7983	0.8111	0.7773	4.01	1.42
	萍乡市	0.8186	0.8115	0.8282	0.8162	−0.29	−0.09
	抚州市	0.7986	0.8378	0.8621	0.8599	7.68	2.52
滨湖型	南昌市	0.7867	0.8336	0.8080	0.8274	5.17	1.76
	九江市	0.6484	0.7841	0.7239	0.7754	19.59	6.79
	上饶市	0.6774	0.7108	0.7481	0.7791	15.01	4.77

4.3.1.3　最终评价方法选择

在运用熵权-TOPSIS法进行河长制效能综合评价的过程中发现该方法存在以下问题：

（1）该模型中用于赋权的熵权法是一种产生于社会科学的赋权模型，它仅仅考虑了评价指标在统计意义上的重要性，而忽视了它们在河长制效能评价中的实际意义。用熵权法确定权重，仅根据已有指标的差异程度计算权重，对个别指标如工业废水排放量增长率、城市污水排放量增长率等指标在某些年份出现极端值，采用熵权法赋权容易对该指标赋以很高的权重，而对如水功能区水质达标率、地表水水质优良比例、地表水水质劣Ⅴ类水体控制比例等设区市间差异小、区分度差的指标的容易赋以过低的指标，如各设区市某一指标都相同，则该指标的权重则计算为0。从河长制管理的角度，水功能区水质达标率、地表水水质优良比例、地表水水质劣Ⅴ类水体控制比例等指标能够直接反映被评估对象水生态修复与水环境治理成效，对河长制效能有较强的制约性，需要在评估过程中予以特别的重视，应当赋予较高的权重；而工业废水排污量降低率、城市生活污水排污量降低率等指标是反映水污染防治成效的间接指标，在评估过程中如赋以过高权重则会导致最终的评估结果失真。

（2）该模型中用于综合评估的TOPSIS法，是根据有限个评价对象与理想化目标的接近程度进行排序的方法，是在现有的对象中进行相对优劣的评价。其基本原理是通过评价指标与最优解、最劣解的距离来进行排序，若指标值最靠近最优解同时又最远离最劣解，则为最好。在本次河长制效能评价中，部分指标的各年度最优解、最劣解有较大波动，导致各年度评价标准有较大差异，从而导致部分设区市评价结果年际变化较大，如景德镇市2018年评价得分较2015年评价得分减少了48.80%，而抚州市2018年评价得分较2015年评价得分增加了117.40%，各市年际变化分化过大，与实际情况明显不符。在河长制效能评价中，TOPSIS法评价的结果较适用于某一年度效能排序，如将其评价得分用于效能年际变化比较，则其结果易出现失真。

（3）熵权-TOPSIS法与一般常用的考核方法从逻辑结构和流程方法上都有较大差异，且由其数学模型运算过程可以发现，利用该方法进行综合评估，需要套用诸多复杂的公式，如果需要研究的对象数量庞大，或其评价指标个数繁多，则人工运算过程耗时会过长，耗费时间，且技术门槛较高。

（4）与熵权-TOPSIS法相比，模糊综合评价通过精确的数学手段处理模糊的评价对象，能对蕴藏信息、呈现模糊性的资料作出比较科学、合理、贴近实际的量化评价。评价过程中各指标各年度的评价标准和隶属函数均不发生变化，其评价结果易用于年际变化分析。评价结果是一个向量，而不是一个点值，包含的信息比较丰富，既可以比较准确的刻画被评价对象，又可以进一步加工，得到参考信息。可以克服传统数学方法中"唯一解"的弊端，根据不同可能性得出多个问题题解，具备可扩展性，符合现代管理中"柔性管理"的思想。

因此，建议采用模糊综合评价进行河长制效能综合评价。

4.3.2 模糊综合评价结果与分析

4.3.2.1 江西省 2015—2018 年河长制推行成效评价（13 指标）

因 2018 年之前部分指标数据难以获取，为便于纵向对比河长制效能年际变化情况，故先采用 13 指标评价体系进行评价。根据前文确定的各指标权重模糊综合评价计算公式，可以计算得到 2015—2018 年江西省 11 个设区市河长制效能评价的综合平均得分，以及在这期间各设区市河长制推行成效的增幅水平，具体见表 4.20、图 4.2 和图 4.3。

表 4.20　2015—2018 年江西省设区市河长制效能评价平均得分及增速

江西省设区市河长制效能评价	2015 年	2016 年	2017 年	2018 年
平均得分	0.7572	0.8071	0.8014	0.8185
增幅/%		6.59	−0.70	2.12

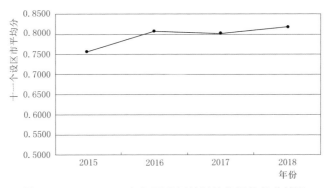

图 4.2　2015—2018 年江西省河长制效能评价得分情况

由表 4.20 和图 4.2 可以看出，从 2015—2018 年江西省河长制推行成效明显。2015 年年底，江西省在全国率先实施流域与区域相结合的河长制

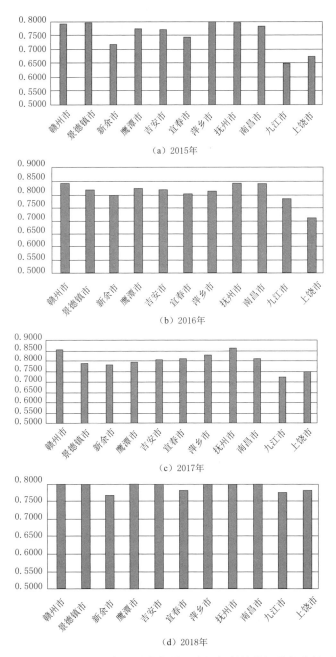

图 4.3　2015—2018 年江西省各设区市河长制效能评价得分情况

组织体系。2016 年，中央全面推行河长制、实施湖长制以来，江西省不断建立健全河湖管理保护体制机制，深入开展专项治理行动和流域生态综合治理，推动河湖长制从"全面建立"到"全面见效"，2016 年河长制综合效能评价平均得分较 2015 年大幅增长 6.59％，河长制推行成效显著。大部分设区市的工业废水排污量降低率和城市生活污水排污量降低率这两项指标比 2016 年都出现了较大幅度的减少，如九江市、景德镇市减幅分别达到 −49％和−48.5％，水污染防治工作取得了长足的进步。

2017 年，全省河长制效能综合评分较 2016 年回落了 0.70％。从具体指标分析，部分设区市水功能区水质达标率和地表水水质优良比例两项重要指标出现了下降，对总体评价结果影响较大。根据《江西省水资源公报》数据，2017 年全省地表水资源量出现了较大幅度下降，由 2016 年的 2203.24 亿 m³ 下降到 1637.20 亿 m³，降幅达 25.69％，除修河（永修以上）、鄱阳湖环湖区地表水资源量增加以外，其他各分区均出现较大减幅。地表水资源量的下降对地表水质产生了不良影响，反映在河长制效能评价上的结果就是得分下降。另一方面，城市生活污水排污量降低率指标的波动也对结果有一定影响。根据统计资料，2017 年各设区市城市生活污水排污量降低率各地出现了较大分化，个别设区市城市生活污水排污量呈暴发式增长，增幅达 70.49％（吉安市），城市生活污水排污量下降的城市减幅也较 2016 年有所减小，最大减幅仅−4.06％，而 2016 年最大减幅为−38.92％。

2018 年，全省河长制效能综合评分较 2017 年上升 2.12％。除工业废水排污量降低率、城市生活污水排污量降低率两项指标各设区市仍有波动以外，其他指标均稳步提高，各设区市之间差距逐步减小，河长制实施成效得以继续巩固。

4.3.2.2　江西省各设区市 2015—2018 年河长制推行成效评价（13 指标）

根据模糊综合评价方法可以计算得到江西省 11 个设区市 2015—2018 年河长制效能评价得分，4 年期间各设区市河长制推行成效评估得分均呈增加趋势，详见表 4.21；2015—2018 年各设区市河长制效能评价得分变化趋势见图 4.4 和图 4.5。

表 4.21　2015—2018 年各设区市河长制效能评价及增长情况描述性统计

年　份	最大值及对应地区		最小值及对应地区		均值	标准差
2015	0.8186	萍乡市	0.6484	九江市	0.7572	0.051726297
2016	0.8435	赣州市	0.7108	上饶市	0.8071	0.035126397
2017	0.8621	抚州市	0.7239	九江市	0.8014	0.039285002
2018	0.8676	景德镇市	0.7670	新余市	0.8185	0.035658114
2018 年较 2015 年增幅	19.59％	九江市	−0.30％	萍乡市	8.37％	0.050499868

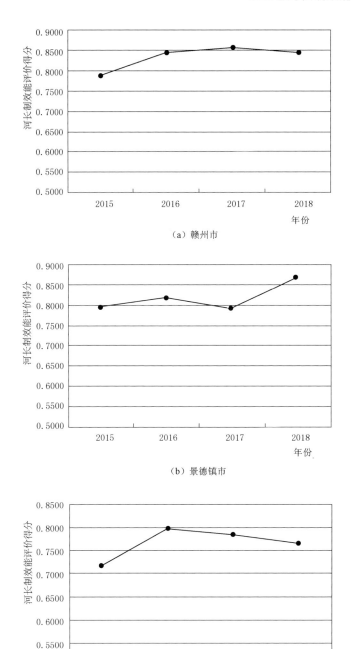

（a）赣州市

（b）景德镇市

（c）新余市

图 4.4（一）　2015—2018 年山丘型设区市河长制效能评价得分变化趋势

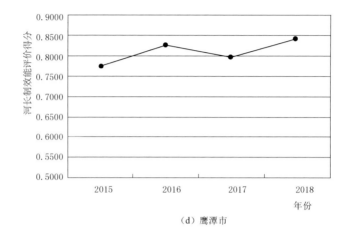

（d）鹰潭市

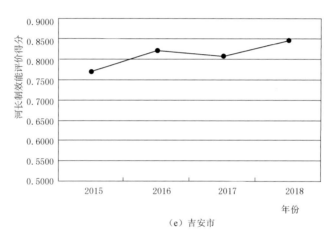

（e）吉安市

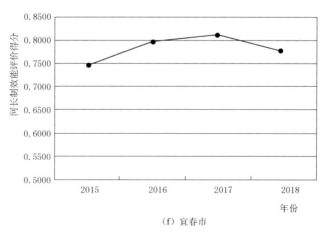

（f）宜春市

图 4.4（二） 2015—2018 年山丘型设区市河长制效能评价得分变化趋势

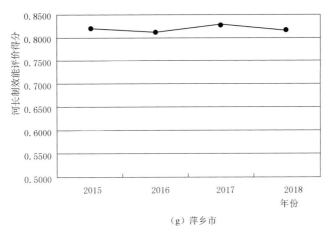

（g）萍乡市

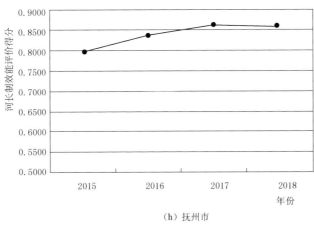

（h）抚州市

图 4.4（三） 2015—2018 年山丘型设区市河长制效能评价得分变化趋势

从表 4.21 可知，2018 年全省各设区市河长制推行成效评价得分均值较 2015 年均呈增加，说明整体向好。年度情况如下：

2015 年，全省河长制效能评价平均得分为 0.7572，高于均值有萍乡市、景德镇市、南昌市、抚州市、鹰潭市、赣州市、吉安市，低于均值有宜春市、新余市、上饶市、九江市；九江市得分最低为 0.6484，比得分最高的萍乡市（0.8186）低了 20.79%，各设区市得分标准差为 0.05173。

2016 年，江西全面推行河长制，全省河长制效能评价平均得分为 0.8071，各设区市河长制综合效能评价得分相比 2015 年均有较大幅度增长，高于均值有南昌市、景德镇市、吉安市、鹰潭市、抚州市、赣州市、萍乡市，低于均值有宜春市、新余市、九江市、上饶市；上饶市得分最低

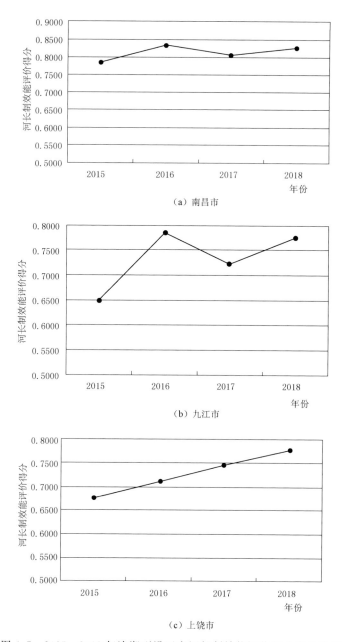

（a）南昌市

（b）九江市

（c）上饶市

图 4.5　2015—2018 年滨湖型设区市河长制效能评价得分变化趋势

为 0.7108，比得分最高的赣州市（0.8435）低了 15.73％，各设区市得分标准差为 0.03513。

　　2017 年，全省河长制效能评价平均得分为 0.8014，较 2016 年均得分有所回落，高于均值有吉安市、萍乡市、赣州市、南昌市、抚州市、宜春市，低于均值有景德镇市、鹰潭市、新余市、上饶市、九江市，九江市得分最低为 0.7239，比得分最高的抚州市（0.8621）低了 16.03%，各设区市得分标准差为 0.03929。

2018 年，全省河长制效能评价平均得分为 0.8185，较 2017 年均得分有所回升，高于均值有南昌市、抚州市、景德镇市、萍乡市、吉安市、赣州市、鹰潭市，低于均值有新余市、宜春市、上饶市、九江市，新余市得分最低为 0.7670，比得分最高的景德镇市（0.8676）低了 11.59%，各设区市得分标准差为 0.03566。

四年数据纵向对比，2016 年是河长制工作提质增效年，各设区市河长制工作取得了长足的进步，从有"名"逐步迈向有"实"。2017 年河长制工作走深走实走细过程中出现了一定的波动。2018 年，随着配套法规制度体系、监督监管体系逐步健全，河长制实施效能又开始稳步提升。

从图 4.4 和图 4.5 可知，11 个设区市中，抚州、上饶两市 2015—2018 年得分逐年增长，大部分设区市在经历了 2016 年得分快速增长之后都在 2017 年出现了轻微的回落，2018 年又开始稳步提升。南昌、新余两设区市 2016 年得分增长较大，2017 年、2018 年都呈回落趋势，得分减少的主要原因是地表水质量的下降。萍乡市得分总体平稳，起伏变化不大。九江市四年进步较大，每年得分值相比江西省年度平均值较低，其原因也是受地表水水质和污水排放量的影响。九江市位于鄱阳湖区，是江西境内各条水系的汇集地，承纳了部分上游区域的污染物质，另该市及所辖县区域内有较多工业企业排放的污水是否达标，也会对水质有较大的影响。

4.3.2.3　江西省各设区市 2018 年河长制推行成效评价（19 指标）

各设区市 2018 年各项指标均获取完整，为更全面地反映该年度的河长制实施成效，故再采用 19 指标体系对各设区市河长制效能进行模糊综合评价，结果见表 4.22 和图 4.6。

相较 13 指标体系，19 指标体系增加了公众满意度、河湖管理保护范围划定完成率、水土流失面积率、省级信息填报完整率、巡河问题整改率、"清四乱"整改完成率等 6 项指标，更加全面地反映了河长制推行的各项工作成效，其评价分值与 13 指标略有不同，但各设区市分值排名情况基本一致。

4.3.2.4　典型县（市）河长制推行成效评价

根据前文评价方法可以计算得到典型县（市）上犹县和樟树市 2015—

表 4.22   2018 年江西省各设区市河长制效能评价得分（19 指标）

类 型	设区市	2018 年	排 名
山区型	赣州市	0.8706	3
	景德镇市	0.8910	1
	新余市	0.7878	11
	鹰潭市	0.8637	5
	吉安市	0.8672	4
	宜春市	0.7983	9
	萍乡市	0.8382	7
	抚州市	0.8831	2
滨湖型	南昌市	0.8497	6
	九江市	0.7964	10
	上饶市	0.8002	8

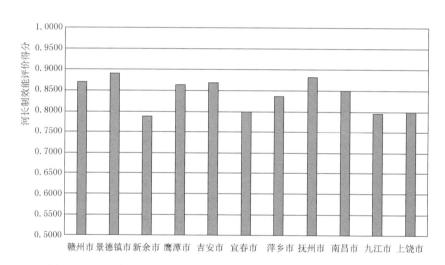

图 4.6 2018 年江西省各设区市河长制效能评价得分情况（19 指标）

2018 年河长制效能评价得分，以及在这期间各市河长制推行成效的增速水平，详见表 4.23 和图 4.7，相应河长制效能评价得分变化趋势详见图 4.8。

表 4.23   2015—2018 年典型县（市）河长制效能评价得分及增幅

类型	县（市）	2015 年	2016 年	2017 年	2018 年	2018 年较 2015 年增幅/%	四年平均增幅/%
山区型	上犹县	0.7971	0.7968	0.8173	0.8221	3.14	1.04
平原型	樟树市	0.7630	0.7534	0.7861	0.7885	3.34	1.13

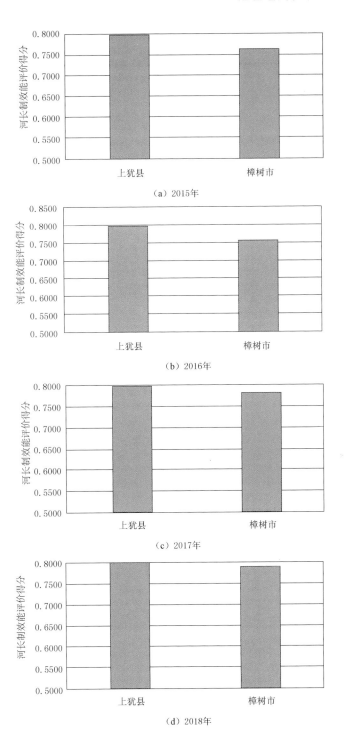

图 4.7 2015—2018 年典型县（市）河长制效能评价得分情况

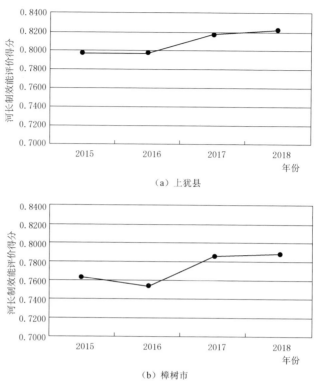

图 4.8　2015—2018 年典型县（市）河长制效能评价得分变化趋势

　　由表 4.23 和图 4.7 可知，两县 2015 年河长制效能评价基准得分均较高，特别是上犹县得分高达 0.7971 分。山区型典型县和平原型典型县（市）四年得分变化趋势略有不同。山区型典型县上犹县四年综合评价得分呈持续缓慢增长趋势，年平均增幅为 1.04％。平原型典型县樟树市 2018 年较 2015 年得分增长了 3.34％，但由图 4.8（b）可知，2016 年樟树市综合评价得分较 2015 年出现了回落，而 2017 年、2018 年两年得分又持续增加，四年平均年增幅达 1.13％。两县（市）得分增长趋势基本与全省趋势一致，但都低于其所在设区市四年得分增幅，这与其 2015 年基准水平都较高有很大关系。

4.3.2.5　典型乡（镇）河长制推行成效评价

　　根据前文评价方法可以计算得到四个典型乡（镇）靖安县双溪镇、上犹县梅水乡与陡水镇、樟树市张家山街道 2015—2018 年河长制效能评价得分，以及在这期间各乡（镇）河长制推行成效的增速水平，详见表 4.24 和图 4.9，相应河长制效能评价得分变化趋势详见图 4.10。

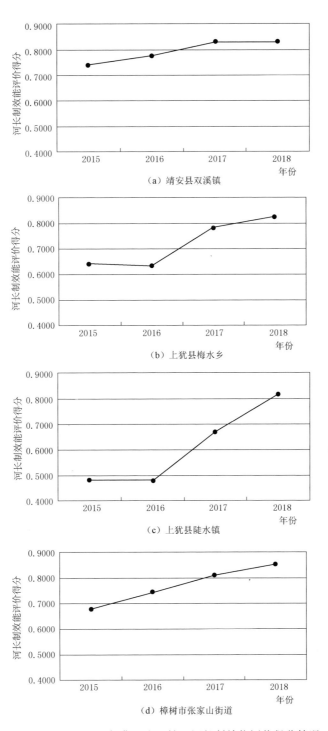

图 4.9　2015—2018 年典型乡（镇）河长制效能评价得分情况

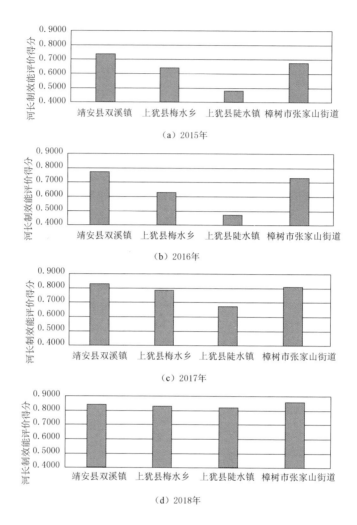

图 4.10　2015—2018 年典型乡（镇）河长制效能评价得分变化趋势

表 4.24　　2015—2018 年典型乡（镇）河长制效能评价得分及增幅

类型	设区市	2015 年	2016 年	2017 年	2018 年	2018 年较 2015 年 增幅/%	四年平均 增幅/%
山区型	靖安县双溪镇	0.7423	0.7766	0.8290	0.8322	12.11	3.92
	上犹县梅水乡	0.6438	0.6380	0.7848	0.8256	28.24	9.10
	上犹县陡水镇	0.4816	0.4819	0.6662	0.8204	70.35	20.48
平原型	樟树市张家山街道	0.6758	0.7415	0.8062	0.8510	25.92	8.00
	平均分	0.6359	0.6595	0.7715	0.8323	34.15	10.38

　　由表 4.24 和图 4.9 可知，四个典型乡（镇）2015 年基准评价得分有较大差距，最高分为靖安县双溪镇 0.7423 分，而最低分为上犹县陡水镇 0.4816 分，差值高达 0.2607 分，同为上犹县下辖的梅水乡和陡水镇得分也存在较大差距，差值高达 0.1622。四个乡（镇）2018 年得分与 2015 年得分相比均呈现较大幅度增加，四个乡（镇）四年增幅平均值为 34.15%，而四个乡（镇）中得分增幅最大的也是 2015 年基准得分最低的上犹县陡水镇，增幅达 70.35%，说明该镇河长制推行成效十分显著。由图 4.10 可知，所有乡（镇）四年得分每年均较上一年呈增长趋势，四个乡（镇）年平均增幅高达 10.38%，高于其所在的设区市、县（市、区）年平均增幅，说明河长制推行成效在乡（镇）一级更为显著。

第 5 章   河 长 制 考 核 指 南

5.1   总则

河湖长制考核有三个层次，分别是省级对市、县两级河湖长制工作的考核，市级对县级河湖长制工作的考核，以及县级对乡（镇）河湖长制工作的考核。

省、市、县各级河长办公室组织每年印发年度河湖长工作考核细则通知，明确考核对象、材料上报方式及时间、各责任单位考核分工、考核分值计算方法等要求。

5.2   考核的内容与要求

5.2.1   省级考核

1. 考核工作

江西省河湖长制考核方案或考核细则主要包括考核组织、时间安排、考核评分方法、考核结果运用等。从目前几年考核来看，考核流程步骤主要有：第一步是自评。县（市、区）在当年 12 月底前完成自评工作，并报设区市。设区市在次年 1 月上旬，复核县（市、区）［不含省直管试点县（市）］自评结果，并完成市本级自评工作；第二步是省级责任单位分头考核评分。设区市、县（市、区）［含省直管试点县（市）］考评材料按考核指标分别报送负责考核的省级责任单位，由省级责任单位按照考核要求给分，结果报省河长办公室；第三步是汇总考核结果。由省河长办公室汇总统计各责任单位给分，提交考核结果报省级总河湖长会议或省委、省政府审定。

考核结果纳入市、县高质量发展考核评价体系和生态补偿机制，抄送组织、人事、综治办等部门。

2. 考核评分方法

考核实行两百分制，河湖长制工作和水环境质量各 100 分。总得分按（河湖长制工作得分×70%）＋（水环境质量得分×30%）计算。计分方法采取缺项比率计分法，如某县涉及考核内容 90 分，缺项 10 分，考核得分 88 分，那么最终考核得分为：88÷90×100＝97.78 分。具体考核评分细则和任务分工由省河长办公室商省级责任单位另行制定印发。河湖长制工作由省级责任单位负责打分，水环境质量由省生态环境厅打分。

3. 考核内容

（1）河湖长制工作（综合 A）。主要包括河湖长制基础工作、专项整治、其他和加减分项。

1）基础工作。主要涉及河湖长制日常体系的落实。如：河流湖泊村级巡查员、保洁员的设置；河湖长包括民间河湖长履职情况；自然资源资产离任审计；宣传工作；鄱阳湖生态环境专项整治日常工作等。随着河湖长制从"有名"到"有实"的转变，以及纵深推进"有能""有效"的目标，基础工作中涉及的指标会随着当年的工作要求动态变化。如 2019 年强调完善组织体系，考核制定年度重点工作任务并落实各责任部门任务分工。2020 年提出完善河湖保洁和志愿者体系，推进河湖长制管理信息平台应用，落实"一河一策""一湖一策"，并结合江西省《河湖长制工作条例》《河长制湖长制工作规范》颁布实施，对贯彻落实地方性法规和工作标准情况设置了考核指标。2021 年增加检察机关与河湖长制工作机构联合督办突出问题、建立"城乡环卫一体化"制度、推进节水型社会、群众满意度等内容。

2）专项整治。包括工业污染、城乡生活污水及垃圾、渔业资源、黑臭水体、船舶港口污染和非法码头、非法采砂和侵占岸线、湿地和野生动物资源保护、畜禽养殖、农药化肥、"清四乱"、河湖水域治安、饮用水水源地保护、应急备用水源建设、入河排污口、河湖水库生态渔业等专项整治。

3）其他。包括流域生态综合治理、农村河湖管理、河湖常态化管理等。2021 年，结合水利部幸福河湖建设的要求，其他项改成"建设幸福河湖"，主要包括流域生态综合治理和河湖健康评价两个部分的内容。

4）加减分项。主要从河湖长制高质量宣传报道、河湖长制相关表彰等方面加分，从中央、部委层级通报问题、曝光问题、明察暗访发现问题，被上级重点督办问题等方面扣分。具体考核事项每年会有一定调整。

（2）水环境质量 B。主要包括地表水不同责任断面水质、饮用水水源地水质、地表水总磷浓度、Ⅴ类及劣Ⅴ类水断面（点位）达标情况。

5.2.2　市级考核

1. 考核工作

每年由市河长办公室印发当年河湖长制考核方案、考核细则。考核方案主要包括考核组织、时间安排、考核评分方法、考核结果运用、考核指标与分工等。考核细则明确考核对象为全市所涉及的县（市、区）等。考核流程步骤与省级考核基本相同：1 月初提交县（市、区）自评报告，同时，按照负责考核的市级责任单位通知要求分别报送考评材料。市级责任单位在 1 月上旬将考核评分结果报市河长办公室。1 月中旬市河长办公室完成考核评分结果的统计汇总。

2. 考核评分方法

基本同省级考核评分方法。

3. 考核内容

基本同省级考核内容。根据实际情况进行个别细微调整。

5.2.3　县级考核

1. 考核工作

每年由县（市、区）政府或县（市、区）河长办公室印发当年河湖长制考核通知、考核细则。考核方案主要包括考核组织、时间安排、考核评分方法、考核结果运用、考核指标与分工等。考核细则明确考核对象为乡（镇）人民政府、县直职能单位等。考核流程步骤：12 月底各乡（镇）完成自评报告，同时，按照负责考核的县级责任单位通知要求分别报送考评材料。县级责任单位在 12 月底将考核评分结果报市河长办公室。1 月初，县级河长办公室完成考核评分结果报送县政府及有关部门。

考核等次并非各县（市、区）都有设置。设置等次的，分为优秀、合格、不合格三类，按得分高低进行排序。

考核结果纳入情况也因县而定。常见为纳入全县高质量发展考核评价体系。其他也有纳入生态补偿机制等。考核结果抄送组织、人事、综治办等有关部门。

2. 考核评分方法

同市级考核评分方法。

3. 考核内容

基本同市级考核内容，根据实际情况进行个别细微调整。

5.3 考核实务

省、市、县考核方案、考核细则具体文件，各地河长办公室都有，此处不再放入。

下面从某一年的江西省河湖长制工作考核细则入手，以省河长办公室负责考核的指标为例，分析日常工作中应落实的工作内容，夯实工作基础，做好佐证材料准备，考核时方可从容应对。

1. 考核指标1

各级河湖长变更后1个月内未能及时在政府网站公布的，每处扣0.1分。以领导任职和政府网站公布时间为准。有群众举报反映或暗访发现公示牌未更新河湖长或举报电话形同虚设的，每件扣0.1分，共0.5分。

（1）解读：《江西省实施河长制湖长制条例》明确提出建立流域统一管理与区域分级管理相结合的河长制组织体系，建立区域分级管理的湖长制组织体系。目前，全省各级行政区域党委和政府主要领导同志分别担任总河湖长、副总河湖长，河湖所经市、县（市、区）、乡（镇、街道）、村（居委会）分级分段（分区）设立市河湖长、县河湖长、乡河湖长和村河湖长。随着领导的变化，河湖长也应同步变更。一是在新领导任职1个月内，在政府网站公布各级河湖长变更信息，并截图归档，作为年底考核佐证材料。二是及时更换河湖长制公示牌上河湖长信息，并拍照归档，作为年底考核佐证材料。三是保障河湖长制公示牌电话、二维码真实有效，接到问题举报电话，做到及时处理。

（2）佐证材料：政府网站公布各级河湖长变更信息的截图。

2. 考核指标2

所有河流湖泊完善村级巡查员或专管员、保洁员设置的得0.4分，缺少设置"三员"正式文件或合同的扣0.2分，缺少人员酬劳支付文件或凭证的扣0.2分。以省河湖长制信息平台上传佐证材料为准，共0.4分。

（1）解读：所有河流湖泊应设有村级巡查员或专管员、保洁员，即常提到的"三员"（即巡查员、专管员、保洁员都有设置，其中巡查员、专管员只设其一，也被称为"两员"）。现在很多地方，保洁工作委托第三方开展，也算设置了保洁员，但建议保洁员能聘请当地脱贫人员（原建档立卡贫困户）。

（2）佐证材料：①设置"三员"或"两员"的正式文件，如县河长办公室关于设置或调整河湖长制管理人员名单的通知。或者，与"三员"或

"两员"签订的劳务委托合同协议；②酬劳支付凭证。如转账凭证、工资领取签字凭证等。

3. 考核指标 3

巩固拓展水利扶贫成果，优先聘用脱贫人员（原建档立卡贫困户）担任河湖保洁员的，得 0.2 分。以聘用脱贫人员的证明材料为准，无脱贫人员的市、县作缺项处理，共 0.2 分。

（1）解读：优先聘请脱贫人员（原建档立卡贫困户）担任河湖保洁员。当地无脱贫人员的，此项作为缺项处理，即此项指标 0.2 分不做考核，考核总分为 $100-0.2=99.8$ 分。若考核下来总分数为 95 分，则最终得分计算为：$95×100÷99.8=95.19$ 分。

（2）佐证材料：①脱贫人员（原建档立卡贫困户）原贫困证明；②聘用脱贫人员为河湖保洁员的合同协议。

4. 考核指标 4

设立民间河湖长、企业河湖长的，得 0.1 分（以人员聘书或聘任文件为准）；民间河湖长、企业河湖长履行职责，开展了河湖管理保护工作的，得 0.2 分，以巡河记录、报道图片、发现问题处理情况等为准。共 0.3 分。

（1）解读：①民间河湖长、企业河湖长一般以人员聘书或聘任文件为准，但请注意聘任时间在考核年内有效；②民间河湖长、企业河湖长要开展相应河湖保护工作，可以通过新闻报道、或问题处理文件作为佐证，但工作照片最好是能反映出地点、河湖长开展的工作事项。

（2）佐证材料：①民间河湖长、企业河湖长聘书或聘任文件；②民间河湖长、企业河湖长开展河湖管理保护工作的佐证，包括新闻报道或相关佐证照片或发现问题处理情况佐证等。

5. 考核指标 5

检察机关与河湖长制工作机构组织召开专题会议，互相通报情况的，得 0.3 分，以会议纪要、新闻报道为准；每年联合督办案情重大复杂、社会关注度高、社会影响力大的突出问题的，每起 0.1 分，以新闻报道、典型案例为准，最多得 0.3 分。共 0.6 分。

佐证材料：①提供检察机关与河湖长制工作机构联合会议、互相通报情况的佐证，如：会议纪要或新闻报道；②联合督办问题处理情况佐证，如：新闻报道、典型案例问题处理反馈等。

6. 考核指标 6

总河湖长督办：同级总湖河长、副总河湖长以总河湖长令形式督办河湖突出问题的，得 0.5 分。以省河湖长制信息平台上传佐证材料为准，共

0.5 分。

佐证材料：总河湖长令以及相关问题解决的闭环佐证。

7. 考核指标 7

河（湖）长及河长办公室督办（含明察暗访）：各级河湖长、河长办公室明察暗访发现河湖管护具体问题并督办解决到位的，每次得 0.1 分。以省河湖长制信息平台上传佐证材料为准，共 0.5 分。

（1）解读：不论是河湖长还是河长办公室发现的问题，都需要整改到位，即发现问题、解决问题，形成一个闭环。从分数来看，需要提供 5 个以上问题。

（2）佐证材料：提供河湖长令、督办函以及所涉及问题解决的闭环佐证，至少 5 个。

8. 考核指标 8

建立清河行动问题台账，台账明确问题所在流域、详细位置、问题描述、牵头单位、整改时限，得 0.5 分。以省河湖长制信息平台数据为准，共 0.5 分。

（1）解读：建立清河行动问题台账，台账信息要齐全。考核前，全面完成清河行动问题的整改，并及时上传佐证，更新省河湖长制信息平台数据。若整改时限跨年，则只需完成当年整改任务即可。

（2）佐证材料：以省河湖长制信息平台数据为准。

9. 考核指标 9

清河行动问题整改：清河行动问题年度整改完成率100%的，得 1 分；95%以上的，得 0.6 分；95%以下的不得分。以省河湖长制信息平台数据为准，共 1 分。

（1）解读：全面完成年度整改问题。得分受整改完成率影响。

（2）佐证材料：以省河湖长制信息平台数据为准。

10. 考核指标 10

完成部、省暗访发现问题整改的，得 1 分；其中，水利部发现问题整改未完成的，每件扣 0.5 分；省级发现问题整改未完成的，每件扣 0.25 分。共 1 分。

佐证材料：涉及部、省发现问题，提供问题整改闭环佐证。

11. 考核指标 11

农村人居环境整治、农村黑臭水体治理纳入清河行动内容的，得 0.5 分，否则不得分。以文件为准，共 0.5 分。

佐证材料：提供清河行动文件，内容包括农村人居环境整治、农村黑臭水体治理。

12. 考核指标 12

市、县开展《江西省实施河长制湖长制条例》宣传的，各得 0.3 分；设区市本级河湖长年度巡河巡湖次数达到条例规定的，得 0.6 分；县级得分为县、乡、村河湖长年度巡河巡湖次数达到条例规定的，各得 0.2 分，未达到的不得分。各级河湖长巡河（湖）次数以省河湖长制信息平台数据为准。共 0.9 分。

（1）解读：①开展《江西省实施河长制湖长制条例》宣传，可以是多种形式，但照片需能反映出是该条例的宣传才行；②巡河巡湖以省河湖长制信息平台数据为准，简单提供 Excel 不再有效。

（2）佐证材料：①条例宣传的新闻报道、视频、正式文件或照片；②查看省河湖长制信息平台数据。

13. 考核指标 13

按照《河长制湖长制工作规范》设置河湖长制公示牌的，得 1 分，发现一个未按规范设置的扣 0.2 分，扣完为止。共 1 分。

（1）解读：自查河湖长制公示牌是否按《河长制湖长制工作规范》设置，包括公示牌设置于人流量较大、进出通道等醒目位置。公示牌应标明责任河段、湖泊范围以及河长湖长姓名职务、河长湖长职责、保护治理目标、监督举报电话等主要内容，河长湖长相关信息发生变更的，应及时予以更新。省、市级河长制公示牌根据流域分级统一标题名称分别为"江西省河长制公示牌"和"××市河长制公示牌"，县、乡、村级河长制公示牌统一标题名称为"××县（××乡、××村）河长制公示牌"。湖长制公示牌样式参考河长制公示牌。另外，公示牌要完整未破坏。

（2）佐证材料：河湖长制公示牌照片 10 张以上。或现场随机抽查，抽查合格不扣分。

14. 考核指标 14

对照《河长制湖长制工作规范》要求建立事件受理及处理台账、巡查记录表、督办单、河湖保洁记录的，每项 0.25 分。共 1 分。

（1）解读：规范统一河湖长制工作各类表格。

（2）佐证材料：提供一套事件受理及处理台账、巡查记录表、督办单、河湖保洁记录扫描件。

15. 考核指标 15

市、县两级河湖长制工作纳入同级政府对清河行动涉及的河湖长制责任单位绩效或年度考核的，各得 0.8 分。以文件为准。

佐证材料：同级政府的绩效或年度考核文件。

16. 考核指标 16

群众对河湖长制工作的满意度，按比例得分，共 0.3 分。以省级督查为准。

（1）解读：加大河湖长制工作和河湖保护主题的宣传，让更多的群众了解河湖长制对改善河湖生态环境、建设幸福河湖取得的效果，了解群众需求，增加群众满意度。

（2）佐证材料：以省级督查为准。

17. 考核指标 17

及时更新完善"一河（湖）一档"的，得 0.1 分；更新"一河（湖）一策"问题清单、任务清单的，得 0.1 分；"一河（湖）一策"中明确的年度任务完成的，得 0.2 分，否则不得分。共 0.4 分。

（1）解读：更新完善"一河（湖）一档""一河一策"。其内容要按照《江西省"一河（湖）一策"编制指南》《一河（湖）一档"建立指南（试行）》要求编制，报告提出的任务年限应包括考核年，过期的应及时更新。年度任务应当具体可操作。

（2）佐证材料：①提供最新的"一河（湖）一档""一河一策"，并附上变更完善说明；②提供年度任务落实佐证材料。

18. 考核指标 18

通过省河湖长制信息平台及时完整填报市、县、乡、村河湖长信息，流域生态综合治理，清河行动，生态鄱阳湖流域建设行动计划，群众举报事件受理。每项得 0.2 分，未上传的，不得分。共 1.2 分。

（1）解读：将省河湖长制信息平台应用融入河湖长制日常工作中，及时上传、录入相关信息、文件和资料。

（2）佐证材料：省河湖长制信息平台所需资料完整、准确、真实。

19. 考核指标 19

市、县两级完成与省河湖长制信息平台对接，或直接使用省河湖长制信息平台开展工作的，得 0.4 分，在省河湖长制信息平台补充录入本行政区域内相关数据的，得 0.1 分，否则不得分。共 0.5 分。

（1）解读：市、县已建河湖长制信息平台的，及时做好与省河湖长制信息平台对接，否则直接使用省河湖长制信息平台开展工作。即在省河湖长制信息平台上应可以随时调取或查看市、县河湖长制相关资料，并保障资料数据完整。

（2）佐证材料：利用省河湖长制信息平台查看市、县河湖长制相关资料，并保障资料数据完整。

20. 考核指标 20

河湖长制工作纳入本级党校课程的，得 0.5 分；本级河（湖）长带头宣讲河湖长制工作的，得 0.4 分。共 0.9 分。

佐证材料：①本级党校课程安排（正式文件）、新闻稿（要明确提到河湖长制工作）、照片（要能反应河湖长制工作讲课）；②本级河（湖）长宣讲河湖长制工作的新闻稿、照片等。

5.4　考核问责与激励制度

坚持以解决河湖突出问题为导向，以全面推进河湖保护治理为目标，建立健全考核问责机制，形成责任具体、环环相扣的党政领导干部河湖长制工作"责任链"，突出考核导向作用和追责督促作用，切实推动河湖长制"有名""有实"。

2016 年以来，省河长办公室按照省政府办公厅印发的年度河湖长制工作要点，逐年制定河湖长制考核细则，把河长制考核纳入省政府对市、县科学发展考评体系、生态补偿机制和省直部门绩效考核体系，河长履职情况成为领导干部年度考核的重要内容。

5.4.1　考核问责

为进一步推动各级政府履行职责，促进河湖长制工作贯彻落实，根据《水利部办公厅关于加强全面推行河长制工作制度建设的通知》（办建管函〔2017〕544 号）和《省委办公厅省政府办公厅关于印发〈江西省全面推行河长制工作方案（修订）〉的通知》（赣办字〔2017〕24 号）、《省委办公厅省政府办公厅印发〈关于在湖泊实施湖长制的工作方案〉的通知》（赣办字〔2018〕17 号）等文件要求，结合工作实际，建立和完善《江西省河长制湖长制工作考核问责办法》（以下简称《办法》）。《办法》中明确提出：河湖长制工作责任追究纳入《江西省党政领导干部生态环境损害责任追究实施细则（试行）》执行，并对违规越线的责任人员及时追责。

2018 年 11 月 29 日颁布的《江西省实施河长制湖长制条例》中，第 29、30、31 条明确提出河长湖长和责任单位履职情况，规定问责追责情形。

2018 年，省级鄱阳湖湖长、省政府副省长胡强，对全省 3 个市、6 个县消灭劣 V 类水工作效果不理想的政府主要负责同志进行了约谈，取得了较好的效果。近年来，省委组织部对各责任单位和领导干部履行河长制湖长制工作职责情况，作为班子和领导干部述职的内容之一，进行考核。

5.4.2 激励制度

2017年8月，中央正式批复同意江西设立河长制工作表彰项目，江西省成为全国首个设立河湖长制表彰项目的省份。2018年2月8日，江西省人民政府印发《江西河长制工作省级表彰评选暂行办法》（赣府厅发〔2018〕9号），标志着全国首个河湖长制工作省级表彰办法正式出台。

1. 表彰原则

坚持山水林田湖草系统治理，坚持水岸同治，重拳治理河湖乱象，向河湖顽疾宣战，江西省河湖管理保护发生可喜变化，人民群众的获得感、幸福感、安全感明显增强。一大批侵害河湖老大难问题得到整治，河湖行蓄洪能力大大提升，自然岸线逐步恢复，河湖水质稳步向好，河湖面貌明显改善，涌现出一大批敢于创新、勇于担当、尽职尽责的先进典型。

2. 表彰范围

根据《江西河长制工作省级表彰评选暂行办法的通知》规定：表彰评选面向基层和工作一线。

河长制工作先进集体：100个县（市、区）河长制责任单位、各乡（镇、街道）政府。

优秀河长：各县（市、区）、乡（镇、街道）、村级河长。

3. 表彰类型

表彰类型和表彰数额为：河长制工作先进集体15个、优秀河长60名。

4. 评选条件

（1）河长制工作先进集体。

1）河湖长制相关工作表现突出，取得显著成效。

2）所在县（市、区）在2016—2018年连续3年的河湖长制工作年度考核中，排名相对靠前。

3）所在县（市、区）3年内未发生重大水环境损害事件，河湖长制相关工作未被中央、国家部委、省委、省政府通报批评，河湖长制相关工作未在媒体出现负面曝光。

4）所在县（市、区）3年内，河湖长制相关工作被国家部委点名表扬或在中央级媒体有正面报道的，优先考虑。

（2）优秀河长。

1）主动担当，积极履职，有效推进河湖长制工作，事迹突出。

2）所担任河长（湖长）的河湖，河湖长制工作成效显著。

5. 表彰程序

表彰评选工作由省河长办公室组织实施。坚持"公开、公平、公正"的原则，面向基层和工作一线开展，采取县级推荐、市级把关、省河长办公室组织相关责任单位初审、省级总河湖长会议或省级责任单位联席会议复审的方式进行。

（1）县（市、区）在广泛征求意见、开展民主测评的基础上，提出推荐名单，并在本县（市、区）进行公示。其中，对先进集体的测评对象包括县级河湖长制责任单位、乡（镇）人民政府、村居委会等，不得少于 50 个；对优秀河长的测评对象包括县级河湖长制责任单位、所担任河长河流流经的乡（镇）、村代表，不得少于 50 人。公示后，将推荐名单报送设区市水利（水务）局（市河长办公室）。

（2）各设区市在县（市、区）推荐的基础上，对推荐名单进行把关，经设区市政府确定后，报送省水利厅（省河长办公室）。省直管试点县（市）推荐名单由所在设区市政府把关后，直接报送省水利厅（省河长办公室）。县级河长原则上不超过推荐总数的 20%。

（3）各设区市在报送推荐名单前，对其中的机关事业单位及其工作人员，应按干部管理权限征求公安、组织人事、纪检监察、计划生育、综合治理等部门的意见，对担任主要领导职务的干部还应征求审计部门的意见。对推荐的村级河湖长，应当征求公安、计划生育等部门的意见。

（4）省河长办公室组织省直相关责任单位，结合近三年河湖长制考核结果，对推荐对象进行初审，提出拟表彰对象。

（5）按照评选条件，将拟表彰对象提请省级总河湖长会议或省级责任单位联席会议复审。复审后，由省评比达标表彰工作领导小组办公室、省河长办公室进行网上公示。

（6）公示结束后，由省评比达标表彰工作领导小组办公室联合省河长办公室报请省政府表彰。

6. 奖励形式和标准

先进集体由省政府颁发"江西省河长制工作先进集体"奖牌。对个人颁发"江西省优秀河长"荣誉证书，并奖励人民币 2000 元。奖励经费从省级水利经费中支出。

参 考 文 献

[1] 李洪任，张磊，谢颂华，等. 基于生态流域建设目标的河长制效能评价方法研究成果报告 [R]. 江西省水土保持科学研究院，2020.

[2] 刘聚涛，万怡国，许小华，等. 江西省河长制实施现状及其建议 [J]. 中国水利，2016，18：51-53.

[3] 吴文庆，黄卫良. 河长制湖长制实务——太湖流域片河长制湖长制解析 [M]. 北京：中国水利水电出版社，2019.

[4] 郝亚光. "河长制"设立背景下地方主官水治理的责任定位 [J]. 河南师范大学学报（哲学社会科学版），2017（5）：13-18.

[5] 姚毅臣，黄瑚，谢颂华，等. 江西省河长制湖长制工作实践与成效 [J]. 中国水利，2018（22）：31-35.

[6] 李洪任，谢颂华，张磊，等. 江西省河长制推行实践 [J]. 水利发展研究，2019（2）：20-24.

[7] 唐新玥，唐德善，常文倩，等. 基于云模型的区域河长制考核评价模型 [J]. 水资源保护，2019，35（1）：41-46.

[8] 吴阿娜，杨凯，车越，等. 河流健康状况的表征及其评价 [J]. 水科学进展，2005，16（4）：602-608.

[9] 张晶，董哲仁，孙东亚，等. 基于主导生态功能分区的河流健康评价全指标体系 [J]. 水利学报，2010，41（8）：883-892.

[10] 邓晓军，许有鹏，翟禄新，等. 城市河流健康评价指标体系构建及其应用 [J]. 生态学报，2014，34（4）：993-1001.

[11] 封光寅，李文杰，周丽华，等. 流量过程变异对汉江中下游河流健康影响分析 [J]. 水文，2016，36（1）：46-50.

[12] 彭文启. 河湖健康评估指标、标准与方法研究 [J]. 中国水利水电科学研究院学报，2018，16（5）：394-404，416.

[13] 贾海燕，朱惇，卢路. 鄱阳湖健康综合评价研究 [J]. 三峡生态环境监测，2018，3（3）：74-81.

[14] 樊婧妍，李晓娟，施稳萍. 河湖健康状况评价分析——以苏州市相城区漕湖为例 [J]. 珠江水运，2019（3）：92-93.

[15] 孔令健，章启兵. 基于层次分析法的清流河健康综合评价 [J]. 安徽农学通报，2018，24（19）：105-107，113.

[16] 薛敏. 喀斯特流域生态系统健康评价与管理研究——以贵州普定后寨地下河流域为例 [D]. 贵阳：贵州大学，2011.

[17] 杨静. 改进的模糊综合评价法在水质评价中的应用 [D]. 重庆：重庆大学，2014.

[18] 叶俊，阚思洋，杨岩，等. 水质评价模型 [J]. 四川理工学院学报：自然科学版，2007，20（2）：25-29.

[19] 徐晓云，陈效民，谢继征. 模糊综合评价法用于京杭运河扬州段的水质评价 [J]. 中国给水排水，2008，24（24）：107-110.

[20] 徐健，吴玮，黄天寅，等. 改进的模糊综合评价法在同里古镇水质评价中的应用 [J]. 河海大学学报：自然科学版，2014，42（2）：143-149.

[21] 韩晓刚，黄廷林，陈秀珍. 改进的模糊综合评价法及在给水厂原水水质评价中的应用 [J]. 环境科学学报，2013，33（5）：1513-1518.

[22] 席文娟，金婧，钱会. 改进模糊综合评价法在水质评价中的应用 [J]. 水资源与水工程学报，2012，23（3）：25-29.

[23] 杜军凯，傅尧，李晓星. 模糊-主成分分析综合评价法在地下水水质评价中的应用 [J]. 中国环境监测，2015，31（4）：75-81.

[24] 罗芳，伍国荣，王冲，等. 内梅罗污染指数法和单因子评价法在水质评价中的应用 [J]. 环境与可持续发展，2016，41（5）：87-89.

[25] 肖丹，肖江，王士党. 集对分析法在洞庭湖区浅层水质评价中的应用 [J]. 四川理工学院学报：自然科学版，2013，26（2）：94-97.

[26] 李勇. 基于模糊综合评价法的淮河水质现状研究及治理建议 [J]. 四川理工学院学报（自然科学版），2018，31（5）：88-93.

[27] 贾洁，苏婷立，王小艺，等. 关于水质污染准确评估建模研究 [J]. 计算机仿真，2019，36（2）：367-371，389.

[28] 李世明，王小艺，许继平，等. 基于人工神经网络的河湖蓝藻水华状态评价研究 [J]. 水资源与水工程学报，2017，28（4）：93-96.

[29] Bertoll O P. Assessing landscape health：A case study from Northeastern Italy [J]. Ecosystem Health，2001，27（3）：349-365.

[30] 彭修强. 基于 AHP 和模糊数学的滨海城市旅游生态环境评价 [J]. 环境科学保护，2012，38（2）：76-80.

[31] 刘保平. 功效系数法在生态环境影响评价中的应用——以环巢湖旅游大道为例 [J]. 广东化工，2016，43（328）：166-169.

[32] 冯雨，郭炳南. 基于主成分分析法的长江经济带环境绩效评估 [J]. 市场周刊，2019（1）：99-102.

[33] 张瑞，刘操，顾永钢，等. 基于层次分析法的再生水补给型城市河湖水生态修复技术评价指标体系及其应用 [J]. 环境工程学报，2017，11（6）：3545-3554.

[34] 王偊，陶双成，薛铸，等. 海南省高速公路路域生态系统恢复评价方法研究 [J]. 公路工程，2016，41（1）：75-80，84.